JN270635

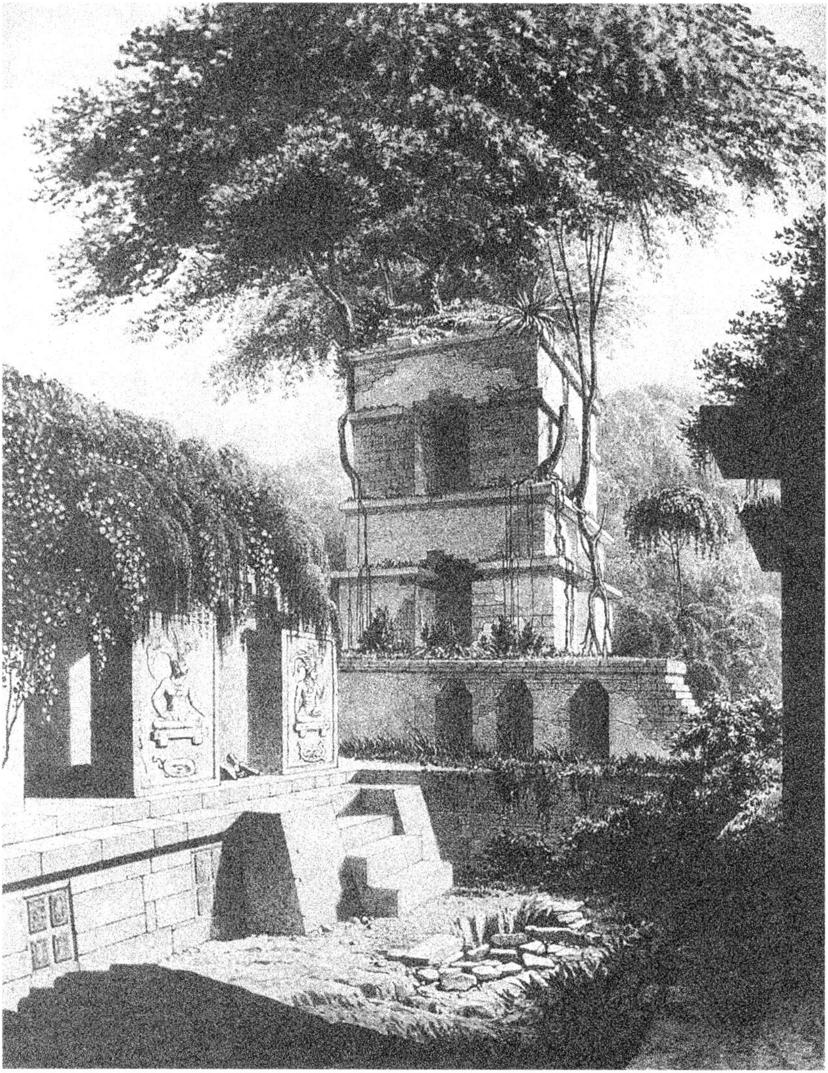

THE MAYAN AND OTHER ANCIENT CALENDARS
by Geoff Stray
Copyright © 2007 by Geoff Stray

Japanese translation published by arranged with
Bloomsbury USA, a division of Diana Publishing Inc.
through The English Agency (Japan) Ltd.

本書の日本語版翻訳権は、株式会社創元社がこれを保有する。
本書の一部あるいは全部についていかなる形においても
出版社の許可なくこれを使用・転載することを禁止する。

古代マヤの暦

予言・天文学・占星術

ジェフ・ストレイ 著

駒田 曜 訳

愛する母アイリーンに 感謝を込めて

イラストでお世話になった以下の方々にお礼を申し上げる——ウィル・スプリング(p4、15、30)、スヴェン・グローネマイヤー(p49)、編集者のジョン・マーティノウ(p37、39)、マット・トウィード(p11)。また、クレア・ジョンソン、ジョン・メイジャー・ジェンキンス、ジョン・フーブス、マイク・フィンレイには貴重な助言を頂き、感謝している。ただし、本書に何か誤りがあれば責任は筆者にある。図版と古代文字は以下の書によった。

Biologia Centrali-Americana by A. P. Maudslay, London 1889-1902, *Vues de Cordilleres et Monuments des Pueples Indigenes de l'Amerique* by A. Humboldt, Paris 1810, *Voyage Pittoresque et Archeologique* by F. Waldeck, Paris 1838, *Report on Teotihuacan* by R. Almaraz, Paris 1866, *Iconographic Encyclopaedia of Science, Literature, and Art*, engraved by H. Winkles, New York 1851.

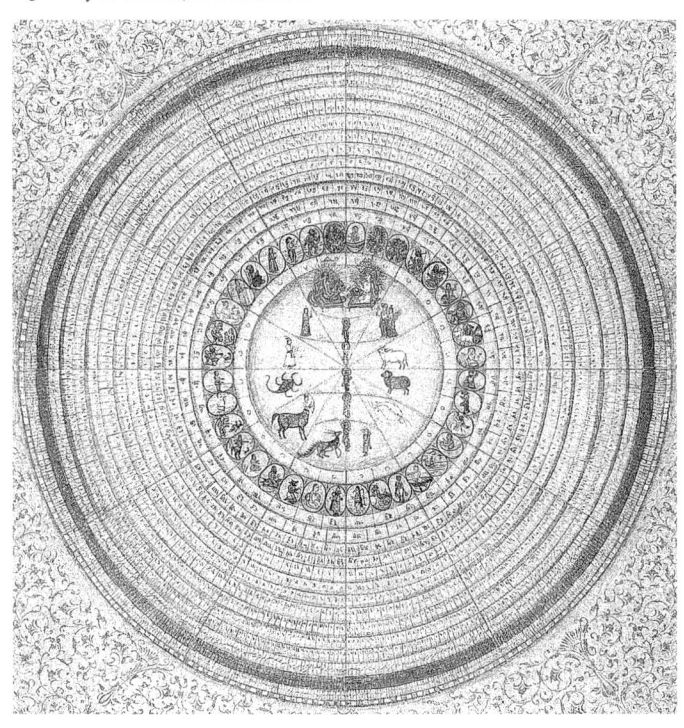

19世紀インドの占星術図。黄道十二宮、それぞれの3つの支配星を表す36のデカン(十分角)、さらにその下位区分まで細かく記されている。大英博物館所蔵品をもとに作成。

もくじ

はじめに	*1*
基本の周期	*2*
太古の暦	*4*
古代中国	*6*
古代インド	*8*
シュメールとバビロン	*10*
古代エジプト	*12*
金属に刻まれた記録	*14*
ローマ暦	*16*
新世界	*18*
現存する絵文書	*20*
計数システム	*22*
精妙な暦	*24*
ツォルキン	*26*
ハーブ	*28*
カレンダー・ラウンド	*30*
暦の中の金星	*32*
月	*34*
火星、木星、土星	*36*
長期暦	*38*
石碑	*40*
太陽の天頂通過	*42*
アステカの「太陽の石」	*44*
銀河直列	*46*
2012年—時代の終焉	*48*

用語解説	50	期間の終了日	60
暦に関する補遺	54	3つの世界と819日周期	61
ポポル・ヴフ	57	チラム・バラムの書	62
マヤ暦の起源	58	マヤの日付とグレゴリオ暦の換算	63
驚異の日付	59	マヤ暦で見るあなたの誕生日	64

マヤ暦の基本構造。5125年の長期暦周期と260日暦（ツォルキン）とを重ね合わせたもの。マス目ひとつが1カトゥン（＝20トゥン＝7200日）、縦の一列で1バクトゥン（＝20カトゥン）になる。左端のマヤ文字とマス目内の数字（点が1で棒が5）で260日暦が表示される。中央の ☰ (13)と・(1)を中心として任意に上下左右対称の長方形を描くと、その4隅のマスの数の和はつねに28になる。4つの角のどこかに1（最小数）、13（最大数）、7（平均）を含むグループの隅のマスに網をかけてみると、らせんのように見える。

はじめに

　数を数えること、種を蒔くこと、記録をつけることを始めたのと同じ時から、人間は太陽と月の運行も追いはじめた。それを基に、やがて世界のあちこちで「暦」が作られた。暦は大きく3種類に分けることができる。太陰暦は、太陽については考えずに月の満ち欠けに従い、閏日で修正する。太陰太陽暦は月の動きを基にした暦月（月の周期は平均29.5日のため29日の月と30日の月が交互に現れる）を用い、太陰年と太陽年のずれが広がらないよう閏月をはさむ。太陽暦は季節の変化に従い、太陽年と暦を合わせるために閏日を使う。

　これらの基本型に加えて、恒星の日出昇天（日の出と同時に昇ること）を利用した古代の星暦や、さらに非常に複雑で精妙な、惑星周期まで組み込んだ暦もある。惑星周期を組み込んだ特殊な暦は世界史上でもマヤ文明だけに見られる。本書の後半ではこのマヤ暦について述べることにする。

　マヤの暦システムへの関心が高まるにつれ、手頃なポケットガイドがないことが痛感されるようになった。現存する古代マヤの文書や石碑の解読作業は19世紀末に始まり、今も続けられている。本書は、最新の知見や研究成果を取り入れようと最大限の努力を払って作られた。

　あらゆる暦の中核には「周期（サイクル）」という概念があり、それゆえにそこには予知や予言の要素も含まれる。だからここで予言しよう——この本はあなたを興味深い世界へといざなうことだろう。

基本の周期

太陽、月、地球、星

　右頁は、古代の暦の多くが基本とした天体周期の例である。

　現代人なら誰でも知っているのが365.242日の太陽年だろう（中央の図）。人はまた、1日という単位の長さも実感できる。この両方が単純にかみ合ってくれれば話は早かったのだが、実際はそう簡単ではなく、4年間がおよそ1461日、もっと詳しく見れば33年でほぼ正確に12053日となる。

　地上に季節変化があるのは地軸が傾いているためだが、この地軸自体が約2万6000年周期で非常にゆっくりとまわっている。これが春分点歳差と呼ばれる現象で、そのため、恒星観測に基く恒星日や恒星年と、私たちに馴染みの太陽年（回帰年ともいう）には、わずかにずれがある。

　もうひとつ、誰もが気付くのが月の周期（月期）である。29.53日の月期は多くの古代暦の土台だった。月期も、容易に太陽年とはシンクロしない。平均的な1太陽年は12.368月期、だいたい3年間で37月期である。より詳しく言うと、19太陽年が235月期となる。この19年＝235月期の長さは、紀元前5世紀のギリシアの天文学者メトンにちなんで「メトン周期」と呼ばれている。その後、紀元前330年にやはりギリシアの天文学者カリポスがさらに精度を上げ、メトン周期の4倍から1日を引いた76年（2万7759日）に940月期が含まれるというカリポス周期を考え出した。

　地球から見て、太陽の通り道（黄道）と月の通り道（白道）は平行ではない。そのため、両者が交わる2ヵ所の点、つまり「月の交点」が存在する。この交点の位置は日食・月食の予測に不可欠である。交点は太陽の進行方向とは逆向きにすこしずつ移動し、18.613年で一巡する。つまり、太陽は同じ交点に1年よりも短い346.620079日で戻ってくる。これを食年という。

恒星日 23.9344686時間。
太陽より遠くにある恒星に対する地球の回転周期。

太陽日 24時間。
太陽に対する地球の回転周期。

春分点歳差 25920年（プラトン年）。
地軸の傾きの回転周期。

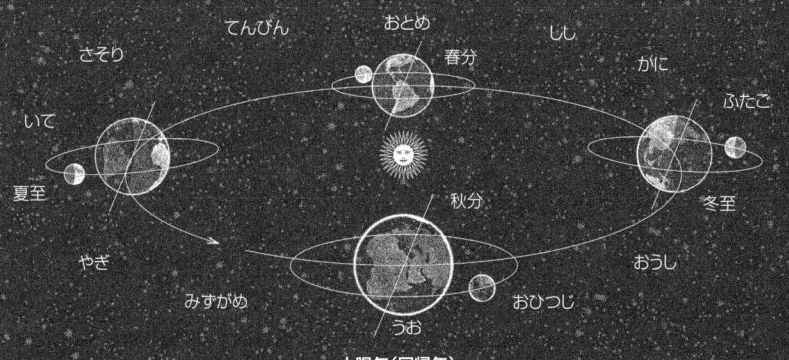

てんびん　おとめ　　　　　　しし
さそり　　　　春分
いて　　　　　　　　　　　　　　　がに
　　　　　　　　　　　　　　　　　　ふたご
夏至　　　　　　　　　　　　　　冬至
　　やぎ　　　　　　　　　　　おうし
　　　みずがめ　　秋分　おひつじ
　　　　　　　うお

太陽年（回帰年）

365.2421904日。夏至／冬至／春分／秋分から、次の同じ事象までの時間の長さ。
歳差（上右）のため、恒星年（宇宙から見て地球が太陽の周りを公転する周期）より20.4分短い。
春分の太陽の背後にある星座が、占星術でいう「魚座の時代」「水瓶座の時代」などの「時代」を示す。

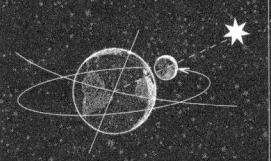

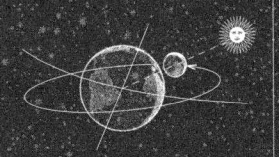

恒星月
27.321661日。月が一周して特定の恒星の位置に戻るまでの長さ。

月期
29.530588日。朔望月ともいう。新月から次の新月までの長さ。

月の交点の移動の一巡
18.612816年。月の軌道のぶれが一巡するまでの長さ。

太古の暦

骨や石に刻まれた暦

　現在知られている最も古い時代の暦は、すべて太陰暦である。夏至か冬至の太陽の位置を観察すれば太陽年を知ることができたはずなのだが、古代の人間が最初に日数を数えはじめた時、彼らが使ったのは月の満ち欠けだったようである。

　アフリカのスワジランドで発見された紀元前3万5000年頃(旧石器時代)の「レボンボの骨」(この頁一番下の絵)を見ると、ヒヒの腓骨に29個の刻み目がはっきりとつけられている。これは満月から次の満月までの日数の記録だろう。フランスのアブリで見つかった紀元前3万年頃の「ブランシャールの骨」(下図の上の絵)は2ヵ月間の月の変化を連続的に示したものかもしれない。正確には、月期は2サイクルで59日なのである。

　新石器時代になると、アイルランドのニューグランジ遺跡(紀元前3200年)とイングランドのストーンヘンジ(紀元前2500年)に見られるように、19太陽年＝235月期という「メトン周期」が発見されていた。ストーンヘンジでは29.5日という月期の日数が外側のサークルの29個半の石(半分サイズの石を今でも見ることができる)であらわされている(右頁)。

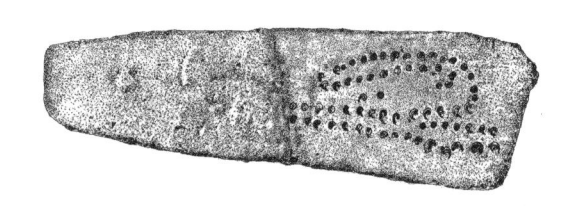

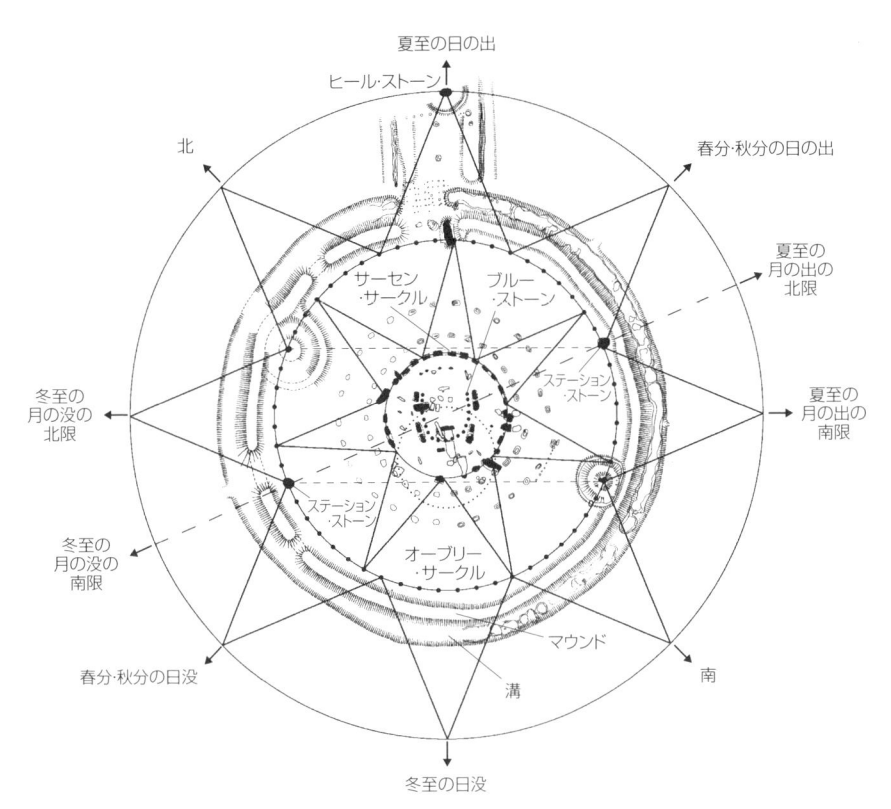

ストーンヘンジは、新石器時代の暦の捉え方を示している。外側に記した太陽と月の8つの位置が、56個のオーブリー・ホール(日食の予測に使われた)を取り囲んでいる。オーブリー・ホールは7分割の形でストーンヘンジ本体を囲んでいる。ストーンヘンジ本体は、外側のサーセン・ストーン29.5個と内側の小ぶりなブルーストーン19個で構成されている。

古代中国

太古のシステム

　中国の暦は紀元前2637年に黄帝〔伝説上の三皇五帝のひとり〕によって作られたとされる。それまでは1年が13ヵ月（384日）の太陰暦だったという。

　殷の時代にはすでに、閏年を組み込んだ19年＝235月期のメトン周期（メトンが「発見」するより千年も早い！）や、76年のカリポス周期（76太陽年＝940月期マイナス1日）が使われていた。

　古代中国の年始は、冬至に一番近い新月の日だった。しかし、紀元前2世紀頃の暦改革で冬至が11月になり、新しい閏のシステムが導入された。今の中国の旧暦では、新年は冬至から2度目の新月に始まり、冬至、春分、夏至、秋分の中間に各季節の変わり目が置かれている。

　中国暦の1年は12ヵ月で、各月は新月の直前の真夜中に始まり、29日と30日の月が交互に並ぶ。太陽年と合わせるために2年か3年ごとに「13月」と呼ばれる閏月を加える。かつてはそれぞれの年を特定するために元号を使い、皇帝の即位のたびに元号が改められていたが、これは1911年の辛亥革命で廃された。

　年には、12の動物（十二支＝子丑寅卯辰巳午未申酉戌亥）と、中国の五元素である木火土金水それぞれの陽と陰（十干＝甲乙丙丁戊己庚辛壬癸）があてられており、60年の周期を形成している。例えば西暦2000年は庚辰（正月は西暦の2月初旬）、2001年は辛巳、2002年は壬午という具合である。

装飾模様のついた唐代の青銅鏡。中央の円の中に、東南西北をあらわす青龍・朱雀・白虎・玄武がいる。その外側は十二支の動物で、子（ねずみ）を北として時計回りに並んでいる。次の円には易経の八卦が記されている。この八卦を重ね合わせると六十四卦（下図）ができる。そのまた外側の円は二十八宿、つまり月の宿る28の星座で、一番外側の円には詩が書かれている。

易経は、紀元前2800年頃に伝説上の三皇のひとり伏羲〈ふっき〉が画したとされる卦〈け〉を、周代にまとめた書物である。この易は、陰（中央で切れている）と陽（切れていない）の爻〈こう〉の組み合わせであらわされる。右の有名な六十四卦は、紀元前1050年頃の周の文王によるもの。隣同士の2つは、6本の爻が陰陽逆転した形になっている。384本の爻はほぼ確実に13月期の384日に関係している（易の中に13ヵ月の暦を最初に見出したのはテレンス・マッケナである）。

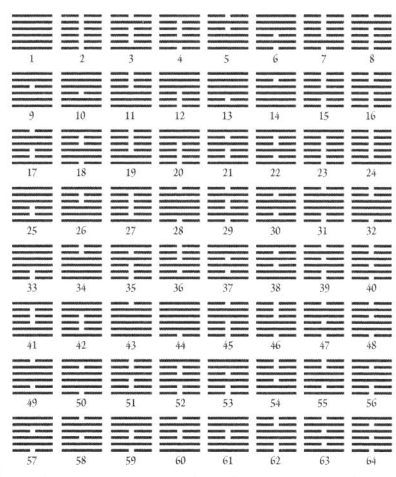

古代インド
途方もなく大きな数

　古代インドの暦にはさまざまな数が現われる。紀元前1千年紀の『マハーバーラタ』には、「30日×12ヵ月で5年ごとに13番目の月を付け加える」年が出てくる。これだと平均して1年が366日になる（研究者は、閏月はもっと精密で26日か27日だったのではないかと考えている）。

　インド北部の太陰月は満月の翌日に始まったが、南部では新月の翌日だった。550年頃から、太陰太陽暦が発達した。これは太陰暦を太陽の周期に合うように修正したものだが、面白いことにここで使われた太陽暦は太陽年ではなく恒星年だったらしい。この暦は、インドでグレゴリオ暦が採用される1957年まで使われていた。

　紀元前1500年頃に成立した古代インドの聖典であるヴェーダの諸文献では、途方もなく長い世界周期のつらなりが語られている。中には何兆年もの長さの期もあるが、いちばん短い部類に入るものとして、4つの「ユガ」がある。ま ず、クリタ・ユガまたはサティヤ・ユガ（黄金の時代）が172万8000年続く。トレーター・ユガ（白銀の時代）は129万6000年、ドヴァーパラ・ユガ（青銅の時代）は86万4000年、そしてカリ・ユガ（鉄の時代）が43万2000年である。現在は物質主義の鉄の時代である暗黒のカリ・ユガで、それが終わりつつあるという人もいるが、アラブの歴史家アル・ビールーニー（973〜1048）は、カリ・ユガの開始は紀元前3102年頃だと述べている。

　ヴェーダに登場する数はどれも、春分の太陽が十二宮の星座ひとつぶん移動するのにかかる時間である2160年の倍数になっている。また、ヴェーダの数を360で割ったときに出てくる数字は、別のもっと古いヴェーダ文献に記された数とも響きあう。そこではユガが2万4000年続くとされているが、これは春分点歳差の数値とも考えられる。

　20世紀初めのスリ・ユクテスワルの分析（右頁）の中では、この春分点歳差とユガの図式がよくわかる。

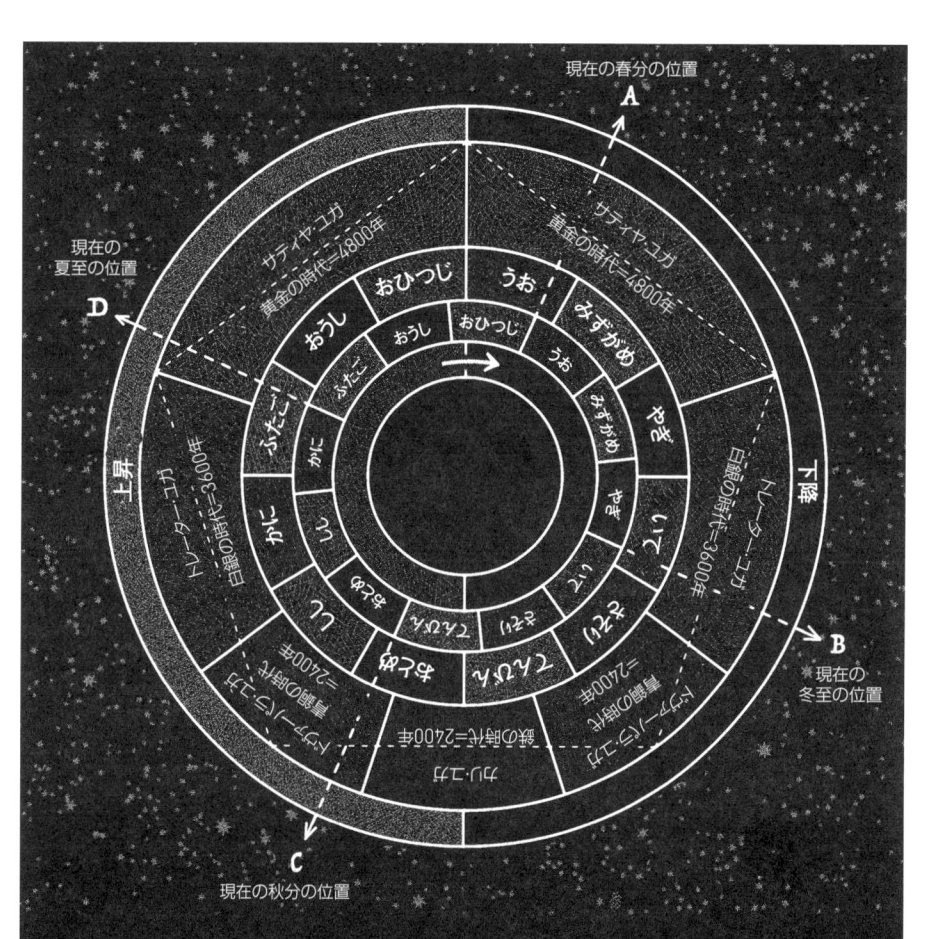

ユガの暦。スリ・ユクテスワルの図に基く。人類はシンメトリカルにユガを通っていき、その道には上昇と下降の局面がある。2種類の十二宮はそれぞれ恒星年（外側の円）と太陽年（内側の円）の場合で、このふたつは今では星座ひとつぶん近くずれている。春分は、春分点歳差のプラトン年における現在の暦月を示し、秋分は現在のユガを示す。この図の他にも、現在の春分点歳差の値に合わせて研究者が修正を加えたバージョンのユガ暦が複数ある。

シュメールとバビロン
イスラムとユダヤの太陰暦

　紀元前4000年頃に興ったシュメール文明では、12の月期（354日）からなる太陰暦が使われていた。各月は、日没時に新月後の細い月が初めて姿を見せた時から始まる。年号はそれぞれの王の治世の何年目という形で記録された。農事上の新年は、秋の収穫の後に置かれた。

　紀元前3000年までにシュメール人はこの暦を太陽に合うように修正し、30日の月が12ヵ月で1年（360日）と定めた（太陽年と太陰年の中間）。1日は12等分され（今の2時間が1単位）、それぞれがさらに30に分けられた（今の4分が1単位）。シュメールでは季節はふたつ──乾季と雨季──であった。

　紀元前2000年の古バビロニア時代になると、黄道十二宮の概念が生まれていた。再び太陰暦が主流になり、新年は春分後の最初の新月に始まった。12の月期からなる1年が使われ、29日の月と30日の月が交互に並んで、平均すると1ヵ月の長さは月期の29.53日に近い数になった。

　まもなく、暦の年を実際の季節変化に合わせるために閏月（8年間に3回）が登場したが、そのシステムはバラバラだった──シュメールの各都市がそれぞれ勝手な時に閏月をはさんだのである。やがて王が閏月を布告する形で、暦システムは統一された。

　紀元前500年頃になると、バビロニアの人々は12ヵ月の年12年と13ヵ月の年7年を組み合わせて全部で235ヵ月とする暦システムを使っていた（またもメトン周期である！）

　バビロニア人は紀元前1000年頃から、特定の恒星が日の出と同時に昇ったり沈んだりする現象を観察していた。星に基くこの暦の1年は、30日の月×12で360日であった。

シュメールとバビロン：354日の太陰年から、360日の太陰太陽年を経て、閏月のあるメトン周期のシステムへと暦が変化した。

古代エジプト：シリウスの日出昇天(オリオン／オシリスの近く)は、ナイルの洪水の時期と一致し、神官はこれを観察して新年を画した。

イスラエル：ユダヤ暦は太陰太陽暦で、12の月期の年を基本とし、何年かに一度13番目の月をはさんで、過ぎ越しの祭が春にとどまるようにした。

バグダード：イスラムの暦は太陰暦で、太陽は無視された。1年は354日か355日であり、30年間に11回の閏日を追加して月の満ち欠けに合わせた。

古代エジプト
日出昇天と古代の十二宮

　エジプトで最も古い暦は紀元前5000年頃のもので、太陰暦だった。各月は、新月前の細い月が夜明けの直前に消える日を起点としていた。このため、シュメールの暦とはちがって、1日は日没ではなく夜明けに始まった。太陽年の周期は、毎年のナイル川の洪水時水位を測るナイロメーターから知られた。

　紀元前2500年頃までに太陰暦が1年の周期に合うよう修正され、1年の長さは、明るく輝くシリウス(犬狼星)の日出昇天(ナイルの洪水の数日前に起こる)の観察から、より正確に測られるようになった。こうして定められた1年は、30日の月12ヵ月と、最後に加えられる「挿入日」5日で、合計360日であった。

　しかし、閏日がなかったことから4年に1日生じるずれが積み重なって、365日の年(不正確な年)での1461年間がユリウス暦での1460年間になる。この周期を、シリウスにちなんで狼星周期という。

　後にエジプトではギリシア経由でバビロニアの十二宮を取り入れ、360度を10度ずつに分けた36の「デカン」を採用した。デンデラの神殿で発見されたエジプト十二宮図の例を2つ紹介する(下と右頁)。

左頁と上：デンデラのハトホル神殿の十二宮図（紀元前30年）。上の十二宮図では中央の絵が北の星座をあらわし、周囲を12の星座の絵が囲んでいる。杖を手にした小さな人物像は惑星で、その周り（中央の円内の一番外側）に36のデカンが並んでいる。デカンは左頁の図では小舟に乗った像であらわされている。神殿の軸線はシリウスの日出昇天方向に一致しており、上の図では垂直方向にあたる。

金属に刻まれた記録
魔法使いの帽子と古代の歯車装置

　古代ヨーロッパの暦について、わかっていることは少ない。しかし1999年に12インチ(30.5センチ)の"スカイ・ディスク"(紀元前1600年頃)がドイツのゴーゼック近郊ネブラで発見された。ディスクには、太陽と三日月とプレアデス星団が描かれていた。これらの天体の位置関係は、その約千年後のバビロニア人が、太陰暦と太陽暦を調和させるために太陰暦に13番目の月を挿入するタイミングを決める際に使っていた配置と同じである。

　スイス、ドイツ、フランスで見つかった計4つの青銅器時代の黄金製の"魔法使いの帽子"(紀元前1300年頃)も多くの手掛かりを与えてくれる。"帽子"は太陽と月のシンボルで覆われており、シンボルの数は1つの帽子が1735個(残りのうち2つは1737個と1739個)である。これらが、ほぼ正確にメトン周期に対応する体系を形づくっている。

　古代ギリシアでは12ヵ月の暦が使われ、定期的に13番目の月がはさみ込まれた。エジプトと同様に新年はシリウスの日出昇天で始まった。紀元前432年、メトンが19年の周期を発見したが、実際の暦にはあまり影響がなかった。

　1900年にアンティキュテラ島近くの古代の難破船から、37個の青銅の歯車でできた驚くべき天体計算機が引き揚げられた。紀元前150年頃のその装置は、表側のダイヤルに太陽、月、月の満ち欠けの各相があって太陽年と十二宮を示し、裏側にはサロス〔日食・月食の循環する周期〕とカリポス周期を表示するふたつの指針がついている。日食・月食を予見でき、惑星の位置を知る用途もあった可能性がある。

　「コリニー暦」は青銅板にドルイド僧がガリア語で刻んだ太陰暦で、180年頃のものとされる。29日または30日の月が12ヵ月と、2年半に一度挿入される追加月とからなり、5年で62ヵ月となる。この62ヵ月の周期5回に61ヵ月の周期を1回組み合わせて、30年を数えていた。

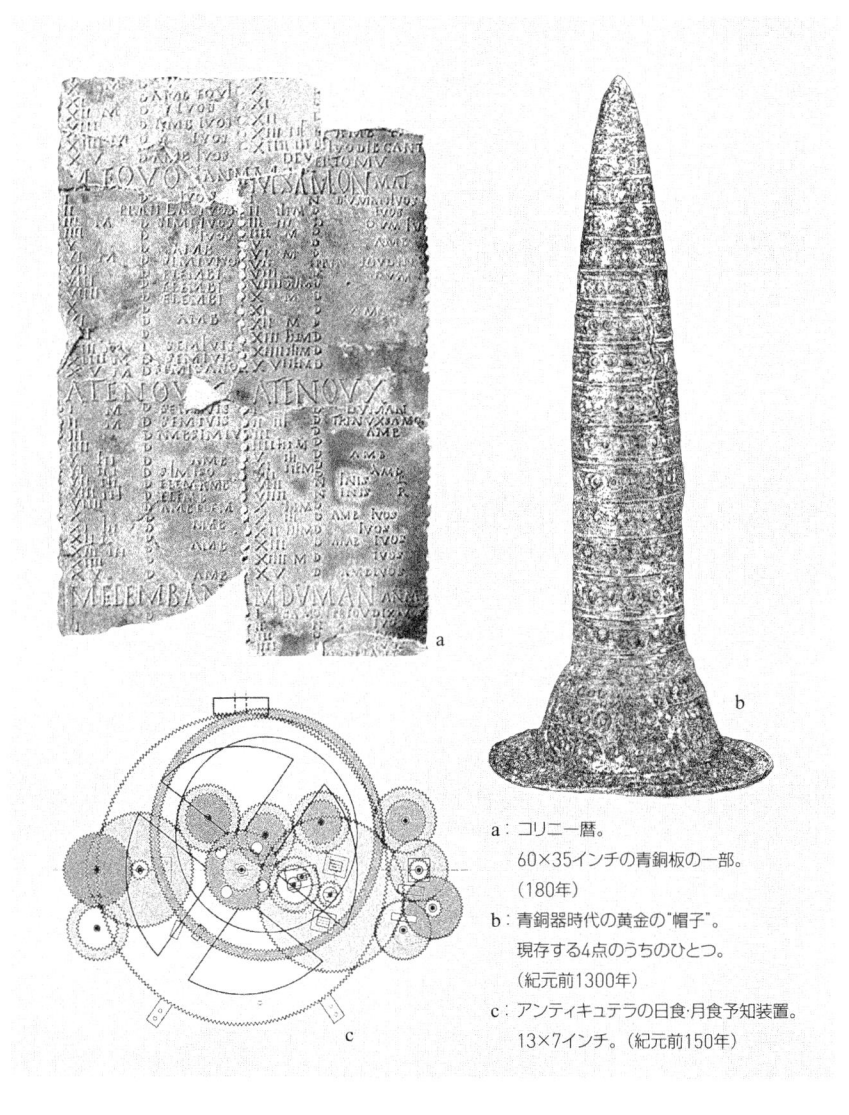

a：コリニー暦。
　60×35インチの青銅板の一部。
　(180年)
b：青銅器時代の黄金の"帽子"。
　現存する4点のうちのひとつ。
　(紀元前1300年)
c：アンティキュテラの日食・月食予知装置。
　13×7インチ。(紀元前150年)

ローマ暦

グレート・マンスとグレート・イヤー

　古代ヨーロッパでは、すべての暦の背後で、春分点歳差による長い長い周期（グレート・イヤー〈プラトン年〉＝約25万8000年）が巡っていた。2160年（グレート・マンス〈プラトン月〉）ごとに、春分の日の太陽の位置にある星座がひとつ隣へ移り、720年のデカン3つぶんの時の支配宮が新しくなる（右頁上参照）。

　最古のローマ暦は、それまでの太陰暦とは違っていた。月の満ち欠けとは関係ない30日または31日の月が10個で304日（その7番目 September から10番目 December までの名は今も使われている）、加えてこの暦の外に61日の冬の時期があった。ところが紀元前713年の暦改革で1ヵ月は29日とされ、29日の Ianuarius と28日の Februarius が追加されて1年が355日になった。そして、1年おきに Februarius を23または24日に短縮してその後に27日の閏月を挿入した。このように355日の年と377または378日の年を組み合わせると、平均で1年は366〜366.5日になる。

　紀元前46年、ユリウス・カエサルによってユリウス暦が制定される。私たちにおなじみの、12ヵ月365日、4年に一度2月を1日増やす暦である。しかしユリウス暦だと太陽年から1年につき11秒遅れるため、16世紀には積もり積もったずれが10日にもなっていた。そこで1582年10月4日にユリウス暦を終了させ、翌日を10月15日として、新しい暦、つまりグレゴリオ暦が始まった。それ以来、4年ごとに閏年をはさみ、100で割り切れるが400では割り切れない年だけは閏年にしないという方式が用いられている。この方法では1年は365.2425日となり、ずれは3200年に1日だけである。

　こうしてみると、現在私たちが使っている西暦は、月の周期も星の周期も捨て去って太陽だけが支配しているといえるだろう。

時代	デカン	支配	シンボルと例
牡牛座の時代	1. 前4320-3601年	牡牛(成熟)	ヨーロッパの牡牛崇拝
	2. 前3600-2881年	蠍(中心)	死者崇拝
	3. 前2880-2161年	牡牛(若さ)	生贄の仔牛
牡羊座の時代	1. 前2160-1441年	牡羊(成熟)	牡羊、モーセ
	2. 前1440-721年	天秤(中心)	天秤、法
	3. 前721-1年	牡羊(若さ)	生贄の仔羊
魚座の時代	1. 1-720年	魚(成熟)	魚、キリスト
	2. 721-1440年	乙女(中心)	清純、知性、イスラム
	3. 1441-2160年	魚(若さ)	小魚の死
水瓶座の時代	1. 2161-3600年	水瓶(成熟)	共同体と水
	2. 3601-4320年	獅子(中心)	王の帰還
	3. 4321-5040年	水瓶(若さ)	…などなど

上：西洋の古典的グレート・イヤー（プラトン年）の分け方。各時代のデカンと支配関係。

ローマ暦。各日には文字（A-H）が割り振られ、Aのつく日は市が立つ。左端が1月、右端が12月。各月の初日はkalends（K）と呼ばれ、nones（NON）は5日または7日、ides（IDVS）は月の半ばで13日または15日である。他に、FはDies fasti（法的手続と投票の日）、NPはDies nefasti（法的手続と投票をしない日）であり、さらに特別な祭日もある（例えばSATVRは乱痴気騒ぎで知られた12月17～23日のサトゥルヌス神の祝祭）。

新世界
失われた文明

　これまで見てきたように、世界中の王や神官や暦学者の努力にもかかわらず、太陽と月の動きを日常生活と完璧に調和させる暦を作ることはできなかった。実際、19世紀になるまで古代文明研究者を本当に驚かせるような暦はほとんどなかった。ところが19世紀に、中央アメリカのジャングルにある奇妙な遺跡についての報告が届きはじめる。熱帯雨林の中の神殿を覆う不思議な彫刻は、やがて古代の計時システムに関する従来の考えをひっくり返すことになった。19世紀末、アメリカ人新聞編集者ジョン・グッドマンによって、失われた文明が遺した驚異的な暦システムの解明への本格的な一歩が踏み出された。本書の後半では、「マヤ暦」と呼ばれるこの暦について述べていこう。

　古代マヤの人々は今のメキシコ南東部（チアパス州とタバスコ州の一部）、ユカタン半島、グァテマラ、ベリーズ、ホンジュラス西部、エルサルバドル北西部あたりに住んでいた。この一帯全域が古代ギリシアにも匹敵するほどの文化の黄金時代を謳歌していたことが、今では広く知られている。西暦250年から900年にかけての「古典期」には、大規模な建造物が作られて都市が整備され、知的・芸術的にもめざましい発展がみられた。その一例が暦の完成である。

　しかし900年頃、マヤ南部地域の多くの都市が突然放棄された（理由については今も議論が続いている）。その後の後古典期（900〜1521年）になると、マヤ、トルテカ、アステカ、イツァー＝マヤといった中米の諸文明の人々は、この暦システムの全体ではなく一部分だけを使うようになっていた。

　1519年、スペイン人が現れてアステカを征服し、1521年には古代マヤ人の子孫たちを支配下に収める。これによって、古くからの暦も衰退の一途をたどることになった。

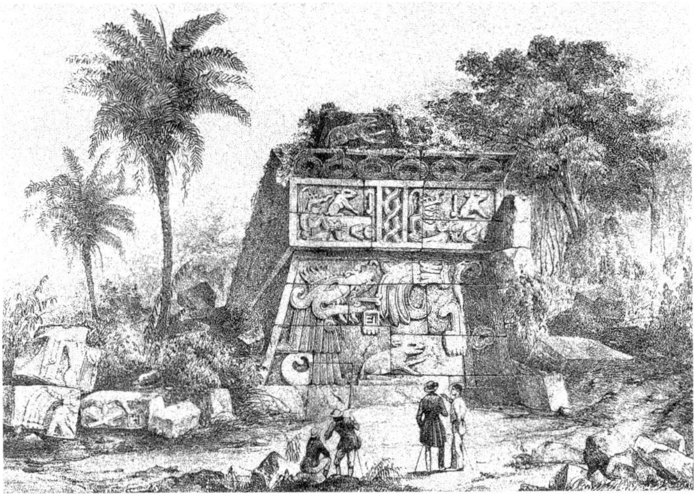

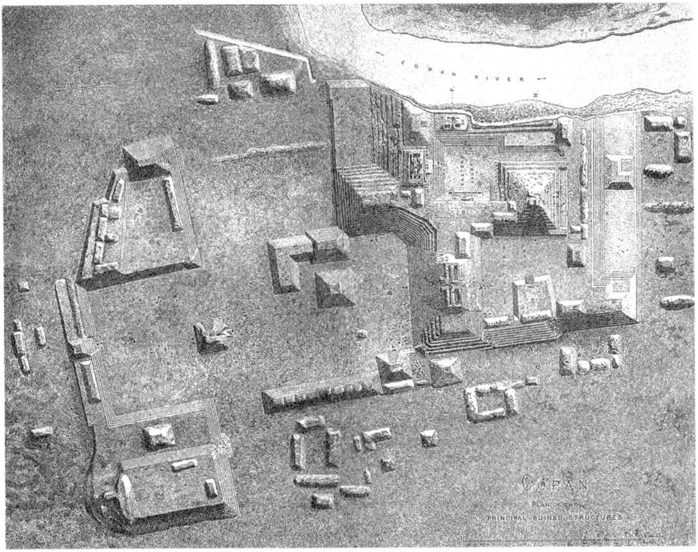
COPAN RIVER
COPAN
PLAN OF THE
PRINCIPAL RUINED STRUCTURES

現存する絵文書
スペイン人による焚書

　古代中米の人々は、文字や絵を石に彫ったり書物に書いたりして記録を残していた。だが、彼らを征服したスペイン人は、先住民の書物はすべて「悪魔の書」であるとして見つけしだい残らず焼き捨てた。そのため、コロンブス以前の時代の手書き文書で現存するものはわずか50点ほどであり、うちマヤの絵文書は4点しかない。

　4点の絵文書(右頁)はいずれも後古典期のもので、おそらくはユカタン半島のどこかで作られた。最もよく内容が保存されて重要性も高いのは『ドレスデン絵文書』である。1739年にドレスデン図書館が収集家から購入したこの文書は、第2次大戦中のドレスデン空襲の際に水をかぶって損傷したが、その前に複写本が出版されていた。39葉からなる屏風だたみ形式の絵文書には卜占と天体についての記述があり、太陽・月・金星の運行表が付されている。作られたのは13世紀初めとみられるが、一部はそれ以前の書物を書き写したものだろうと言われている。

　『パリ絵文書』は1859年にパリの図書館で見つかった。保存状態が悪く、11葉の文書の中央部分の文字と絵しか残っていない。この文書にはカトゥン(360日×20年)13個分の周期とそれに関係する神や儀式についての記述が含まれ、またマヤの黄道十三宮の一部(サソリ、亀、ガラガラヘビ、コウモリ)の絵が見える。

　『マドリード絵文書』は1860年代にスペインで2分割されたものが別々に発見された。全部で56葉からなり、占星術と暦が豊富だが、『ドレスデン絵文書』に比べて天体の表は少ない。「イヤーベアラー」と呼ばれる「年の名前」が他の絵文書より1日前にずれているため、ユカタン西部で作られたのではないかと考えられている。

　1965年にメキシコで発見された11葉の樹皮紙の絵文書である『グロリア絵文書』は金星の暦だが、偽造品の可能性もある。

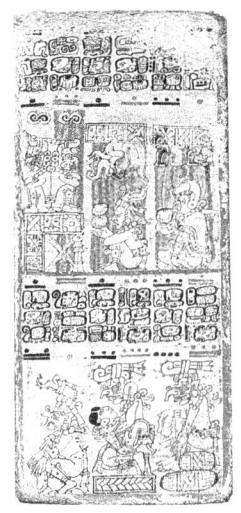

『ドレスデン絵文書』空の帯から火星の獣がぶら下がっている。
（左図中央）

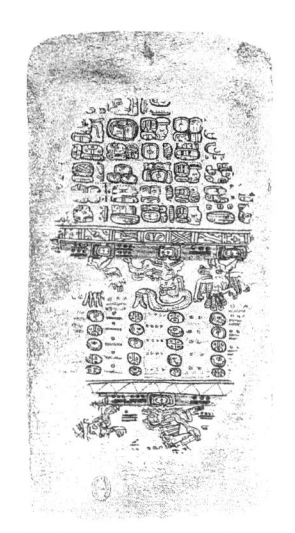

『パリ絵文書』星座をあらわす文字。

『マドリード絵文書』天文学者が天頂筒で星を観察している。

『グロリア絵文書』金星の表。

計数システム
手足の指の数

　現代の私たちが使っている計数システムは、位取り記数法で表記され、位が上がると単位が前の位の何倍かになる。この巧妙な方法は8世紀頃にインドで発見されて、アラビア経由でイスラム支配時代のスペインに伝わったと考えられている。しかし、中米ではそれより1000年近く昔から位取り記数法とゼロの概念が使われていたのである。私たちにおなじみの10進法には10、100、1000などの単位があるが、マヤの計数の基本は20進法で、20、400、8000といった単位が使われる。

　10進法では桁がひとつ左へ移ると数が10倍になり、数字は左から右へ読む。一方マヤのシステムでは、下から上へ向かって20倍に増えていき、読む時は上から下へ読む。ただし例外があり、長期暦（38頁）の日付を記録する際の3番目の単位は2番目の単位（20日）の18倍の360日で、太陽年の長さに近い値になっている。

　マヤの人々は、3つのタイプの数字表記法を持っていた。まず点と棒による方法（右頁上の上段）、それより使用頻度の低い頭字体（右頁上の下段）、さらに頻度の低い全身体（右頁下）である。ゼロは絵文書では貝の形の文字で示され、碑文では四弁花の半分（下）であらわされた。フェイエルヴァーリ絵文書とマドリード絵文書では、四弁花の形に点を並べて260日暦をあらわしている（27頁）。

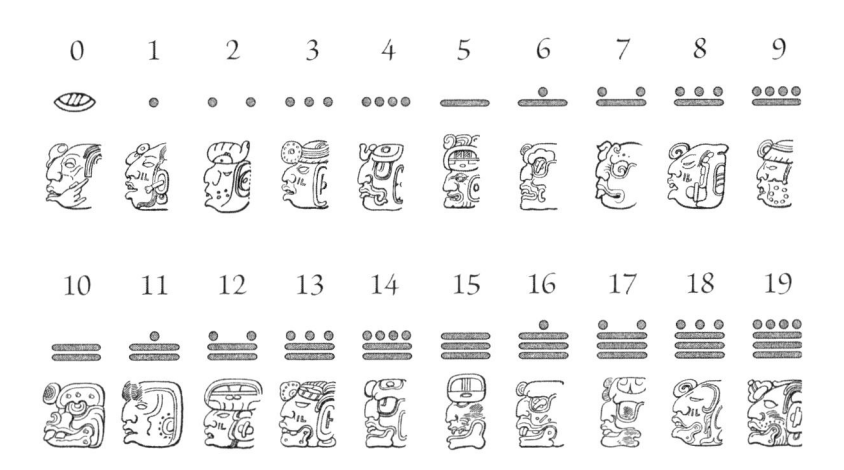

点と棒による記数法は、石、木の枝、貝殻などを使ったのが起源であろう。点が1、棒が5をあらわす。頭字体は0から12まで人の横顔であらわすが、10だけは髑髏である。13から19までは、10の頭字体に由来する髑髏の顎骨が3から9の頭字体に付いたものになっている。

導入文字　　9カトゥン　　15カトゥン　　5トゥン　　0ウィナル

0キン　　10アハウ　　月の相　　8チェン　　未解読

全身体の数字。例えば0ウィナルは、額の飾りと手の形をした顎を持つ男（ゼロをあらわす）が、両棲類の生物（ウィナル）と格闘している。

精妙な暦

謎につつまれた起源

　マヤの人々は暦の中に、驚くほど多くの異なる周期を組み込んでいた。その理由は後に譲るとして、右頁の表を見てほしい。日数の数え方とそれらの相関を示したものである。

　日数という点では、マヤの暦システムは過去・未来へ何百万年でも計算することができた。しかし閏年がないため、季節とは無関係である。

　マヤでは太陽年も含めていろいろな周期を観測していたが、それらをひとつの暦に統合することはしなかった。かわりに、彼らは異なる暦システムを互いに参照させていた。

　マヤの複雑な暦システム、とりわけ「ツォルキンとハーブ」という仕組みがいったいどういう起源をもつのかはまだわかっていない（ツォルキンは26頁、ハーブは28頁を参照）。

　マヤ人の祖先の歴史は、シベリアの狩猟採集民が新世界に渡ってきた古アメリカインディアン期（紀元前2万～8000年）に始まり、古期（紀元前8000～2000年）には定住をすすめて集落を作りトウモロコシを栽培化していった。形成期（紀元前2000～紀元後250年）に文明が生まれ、小さな都市ができて豊饒神崇拝が行われた。

　暦の誕生は、メソアメリカ最古のオルメカ文明（紀元前1500頃）またはサポテカ文明（紀元前600～）にさかのぼるとみられる。その後マヤが精巧な形へと進化させた（紀元前200～）。最も古い長期暦の日付はオルメカの遺跡で発見されており、最初期のツォルキンの日付はサポテカとオルメカでそれぞれ紀元前600年と紀元前650年のものが見つかっている。

　ところで、北西アフリカのベルベル人も、大西洋のテネリフェ島とグランカナリア島で520日周期（ツォルキンの2倍）を使っていた証拠があり、興味深い。

		名称	長さ	相関関係
基本単位				
	a	大地の神の周期	7日	
	b	夜の王	9日	
	c	天界の神の周期	13日	
	d	ウィナル	20日	
	e	月期	29日／30日（交互に）	
	f	月期×2	59日	2×e
年				
	g	ツォルキン	260日	c×d
	h	トゥン	360日	2×b×d
	i	計算年	364日	4×a×c
	j	ハーブ	365日	2×b×d＋5
惑星周期				
	k	金星周期	584日	73×8
	l	火星周期	780日	3×g
	m	木星／土星周期	819日	a×b×c
	n	3食年周期	1040日	4×g
ラウンド				
	p	カレンダー・ラウンド	18980日	52×j, 73×g
	q	金星ラウンド	2×p	65×k, 104×j, 146×g
	r	火星ラウンド	6×p	146×l, 195×k, 312×j, 438×g
長期暦				
	s	カトゥン	7200日	20×h
	t	バクトゥン	144000日	20×s, 400×h
	u	時代（「太陽」）	5125年	13×t, 260×s, 5200×h
	v	歳差運動	25626年	5×u, 26000×h, 36000×g

ツォルキン

260日暦

「ツォルキン」はマヤの儀式と予言を司る神聖な260日暦である。毎日ひとつずつ、1〜13の数字と20個の日の名前が次へ進んでいく。1イミシュ→2イク→3アクバル、という具合である（右頁の歯車の絵を参照）。260日で一巡する各日の数字と名前の組み合わせは、その日に生まれた人の性格や運命を決定すると信じられ、日付を人名として付けることも多かった。

13×20の暦は古典期以来途切れることなく数えつづけられ、今でもグァテマラ高地に住むキチェー・マヤ族の暦を司る祭司（「日の守り人」）によって日常的に使われている。キチェー族はそれを「チョルキフ ch'olk'ij」（日の計数）という（「ツォルキン」はユカテカ語）。

メキシコ中部のメシカ（アステカ）人も「トナルポワリ」という260日暦を使い、その暦の日の名前はマヤと似ていた。現代の研究者は、13日の周期を「トレセーナ」とも呼ぶ。

キチェー・マヤはツォルキンが人間の妊娠期間やトウモロコシ栽培のサイクルに基づいているという。この暦は卜占にも使われ、人々はいろいろな活動をするにあたって、その日が吉か凶かを「日の守り人」に占ってもらう。

研究者たちは、古代マヤでは日の出が1日の始まりだったと考えている。しかし現在のハカルテカ・マヤとイシル・マヤの人々は、日没を1日の開始時点としている。

イミシュ　イク　アクバル　カン　チクチャン　キミ　マニク　ラマト　ムルク　オク

チュエン　エブ　ベン　イシュ　メン　キブ　カバン　エツナブ　カワク　アハウ

ツォルキン

13個の数字

20個の日の文字

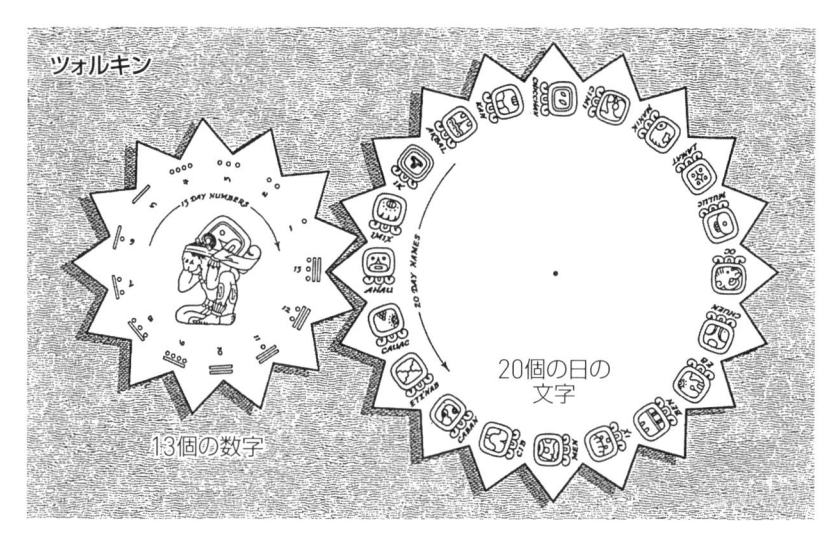

この図は13アハウという日付を示している。歯車がひとつ動く(翌日になる)と1イミシュになり、以下2イク、3アクバルと日付が変わっていく。それぞれの日の文字も数字も、特定の神と関係している。そのため、260日のどの日も両者の組み合わせによる独自の影響力を持つ。

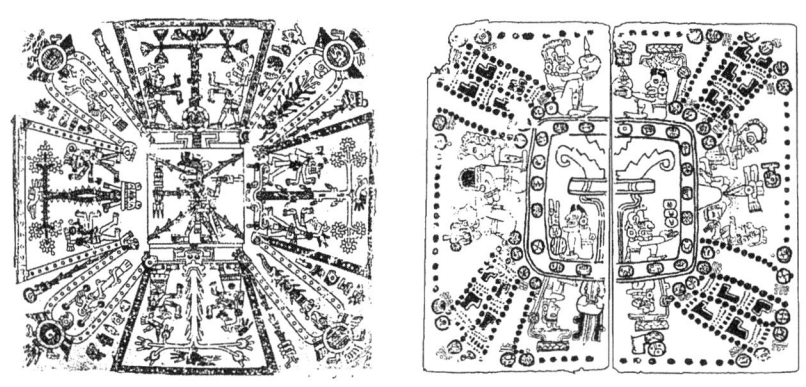

アステカの『フェイェルヴァーリ絵文書』(左)とマヤの『マドリード絵文書』(右)。260個の点が花弁状に並んでいる。260日という期間は人間の妊娠期間に関係しているともいわれる。

ハーブ

(18×20)＋5＝365日 の1年

　「不正確な1年」とも呼ばれるハーブ（アステカでは「シウポワリ」）は、20日の月が18ヵ月（下図）と「ワイエブ」という年末の不吉な5日間（アステカでは「ネモンテミ」）からなる、365日の1年である。閏日はない。

　月の名前と0～19の数字で日付をあらわす。最初の日は「着座」の日と呼ばれる。マヤ人は時の周期の交代を事前に予知できるものと捉えていたため、各月の最後の日が次の月の着座の日とされた。

　マヤの元日は1ポプである。そして、その日のツォルキンでの日付を年の名前とした。このツォルキンの日付を「イヤーベアラー（年の担い手）」という。イヤーベアラーはそのハーブ（年）に影響を与えると同時に、他のハーブと区別をつける役割を果たした。

　ツォルキンの20個の日の文字を365日にあてはめていくと、毎年5ずつずれ、4年後に20ずれて元に戻る。このため、1ポプの日に巡り会うツォルキンの日の文字は4つだけで、古典期にはアクバル、ラマト、ベン、エツナブであった。13個の数字とこの4文字とで52種類のイヤーベアラーができるので、52年で周期が一巡する。後古典期のユカタン半島では、イヤーベアラーがひとつ前にずれてカン、ムルク、イシュ、カワクになっていた。その理由はわかっていない。

　一部の集団（アステカ人も含む）は、イヤーベアラーとして1年の最初の日ではなく365日暦の360日目の日を使っていた。

ポプ	ウオ	シプ	ソツ	ツェク	シュル	ヤシュキン	モル	チェン	
ヤシュ	サク	ケフ	マク	カンキン	ムワン	パシュ	カヤブ	クムク	ワイエブ

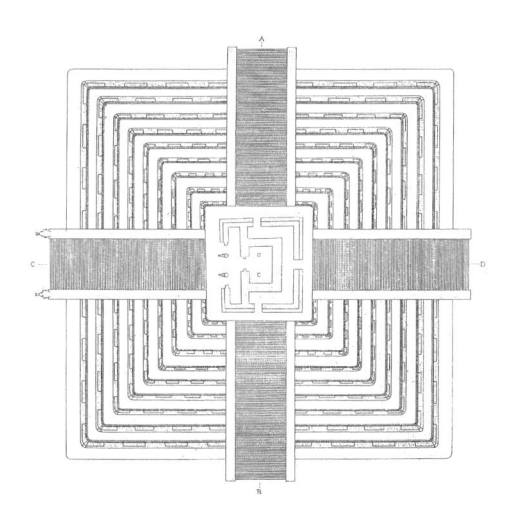

左：チチェン・イツァーの「ククルカンのピラミッド」（別名「城塞」）。四方に91段ずつで合計364段の階段があり、計算年の日数と一致する。91は7×13であり、1から13までの数の総和でもある。頂上のプラットフォームが365段目をあらわす。

下：メキシコのベラクルス州パパントラ近郊エル・タヒン遺跡の「壁龕のピラミッド」。階段は東側のみで、龕の数が全部で365である。頂上にはかつて神殿があったが、今は崩れてしまっている。

カレンダー・ラウンド
52年の周期

　ツォルキンとハーブの日付が同じ組み合わせになるのは52ハーブ=73ツォルキン、つまり1万8980日に1回である（右頁上）。アステカの人々はこの52年周期をシウモルピリ（年の火の包み）と名付けていた（下の図）。マヤでの名前はわからないため、研究者はカレンダー・ラウンドと呼んでいる。

　カレンダー・ラウンド関連のマヤの儀式はほとんど知られていないが、アステカの儀式は詳しく伝わっている。アステカの人々はシウモルピリの終了時に世界がいったん終わると考えた。52年周期の最後の日の夜、首都ティノチティトラン（今のメキシコ・シティの場所にあった）の住民はすべての火を消し、家内を清掃し、像を水中に投げ捨てて、「星の丘」という名の死火山に集まった。日没時に祭司が丘に登って星を観測する。捕虜の戦士が生贄にされ、心臓が取り出される。捕虜の胸郭の中で新しい火がおこされ、その火を移し分けた松明がすべての神殿に運ばれて新しい火がともり、さらにそこから各家庭のかまどにも火が入る。そして祝宴が始まる。

　「新しい火」の祭りとして知られるこの儀式を最初に始めたのはテオティワカンを築いた人々で、その後トルテカ人を経てアステカに伝わったと考えられている。後古典期のマヤも、チチェン・イツァーで同様の儀式を行っていた。

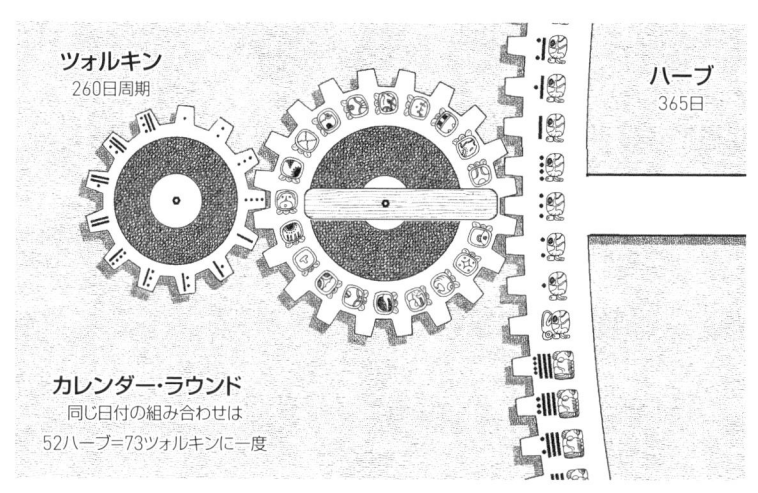

ツォルキン
260日周期

ハーブ
365日

カレンダー・ラウンド
同じ日付の組み合わせは
52ハーブ＝73ツォルキンに一度

上：ある人が生まれてから52ハーブ経つと、ツォルキンとハーブの歯車は出生日と同じ位置関係に戻る。マヤをはじめとするメソアメリカではこうした人を古老と認めた。グレゴリオ暦では52歳の誕生日の13日前にあたる（ハーブには閏年がないため）。
下：アステカの都ティノチティトラン。52年ごとに建物が更新された。

暦の中の金星
重要な役割

　マヤ人にとって金星は「ノフ・エク（偉大な星）」または「シュシュ・エク（気難しい星）」であった。閏年のないハーブに暦の単位としての意味を真に与えたのは、この金星の動きである。地球から見える金星は、宵の明星として輝いた後に約2週間見えなくなり（太陽の手前に入る）、次に明けの明星として昇ってくる。やがて今度は太陽の背後に入って13週間姿を消し、再び宵の明星として現れる。これが金星の「合」周期（51頁参照）で、8年間に5回繰り返される（右頁）。合から次の合までの平均的な長さ（会合周期）は583.92日で、マヤの人々はこれを584日にして用いた（ずれの集積を修正するシステムも存在した）。金星をあらわすマヤ文字はくねくねした形に"目玉"のついた形で、時には十字の星形のこともあった（下図）。

　金星の会合周期の5回分にあたる2920日（584×5）は8ハーブと同じ（8×365＝2920）で、ほぼ13金星年（13×224.7＝2921.1）であり、99月期にも近い。

　カレンダー・ラウンドが2巡すると（104ハーブ＝146ツォルキン）、ちょうど65金星周期、すなわち金星が描く五芒星が13回起こったことになる（右頁）。そのため、この期間は金星ラウンドといわれている（アステカでは「ウエウエティリストリ」）。この時に暦の微調整が行われていた。

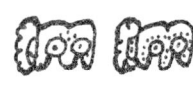

『ドレスデン絵文書』の金星運行表5枚。104ハーブの金星ラウンド3巡ぶんの記録である。1巡目では57回目の金星周期の終わりに8日分後ろへずらす修正が行われ、2巡目の61回目の金星周期の終わりでは4日分後ろへずらされている。このようにして金星ラウンドは、明けの明星が昇る日が可能な限りツォルキンの1アハウの日に近づくように作られていた。誤差は468年間に0.08日である。

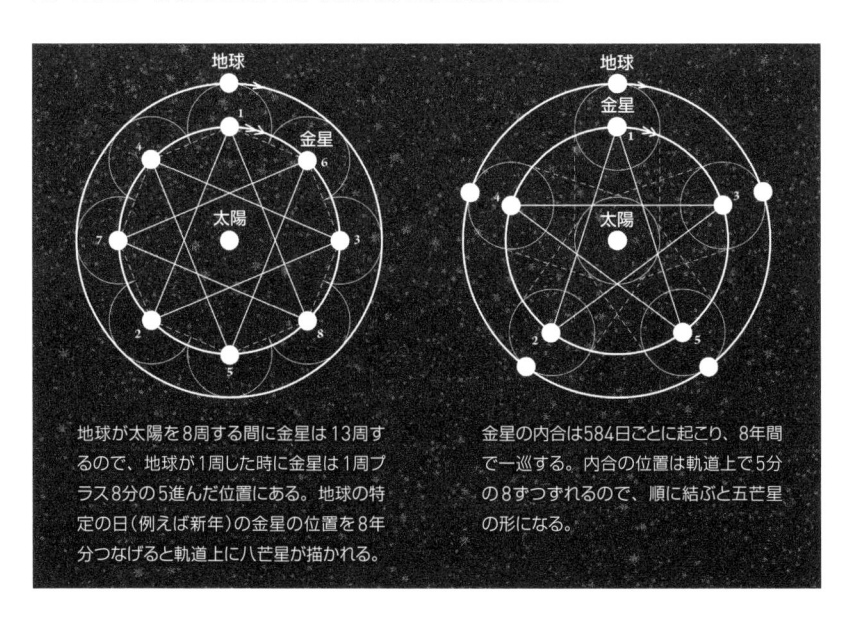

地球が太陽を8周する間に金星は13周するので、地球が1周した時に金星は1周プラス8分の5進んだ位置にある。地球の特定の日（例えば新年）の金星の位置を8年分つなげると軌道上に八芒星が描かれる。

金星の内合は584日ごとに起こり、8年間で一巡する。内合の位置は軌道上で5分の8ずつずれるので、順に結ぶと五芒星の形になる。

月

月と9人の夜の王

　太陰月(月期)の長さは29.53059日である。『ドレスデン絵文書』の日食・月食表(右頁)には、46ツォルキンにあたる405月期が記されている。この表をはじめとするマヤの精密な計算の例を、右頁下の表にいくつか紹介する。

　『ドレスデン絵文書』からは、太陰月の配列法——29日と30日の月が交互に並び、実際の月期とのずれがつねに1日以下になるよう30日の月を追加ではさむ——がわかる。この絵文書の連続する405ヵ月分の太陰月は、6ヵ月のグループ60個と、間にはさまれる5ヵ月のグループによって構成されている。60ある6ヵ月グループのうち54は、29日×3+30日×3(54×177日)で、残る6グループは29日×2+30日×4(6×178日)である。5ヵ月グループ9個は、29日×2+30日×3(9×148日)である。これらをすべて合わせると11958日で、46ツォルキン(11960日)より2日短い。

　3食年(346.62日×3)はほぼ4ツォルキンと同じなので、マヤ人にとって食の予知は簡単なことだった。

　マヤ暦では、それぞれの日を地下世界〔冥界〕の9人の神(「ボロンティク」、夜の王、地下世界の王)が順番に司っていた(下)。石碑では「夜の王」はふつう長期暦とツォルキンの後、月(天体の月)の文字とハーブの日付の前に記されている。360日は9で割り切れるため、各トゥンの最初／最後の日は必ず9番目の夜の王にあたっていた(トゥンについては38頁の長期歴を参照)。

9人の夜の王

| 1番目 | 2番目 | 3番目 | 4番目 | 5番目 | 6番目 | 7番目 | 8番目 | 9番目 |

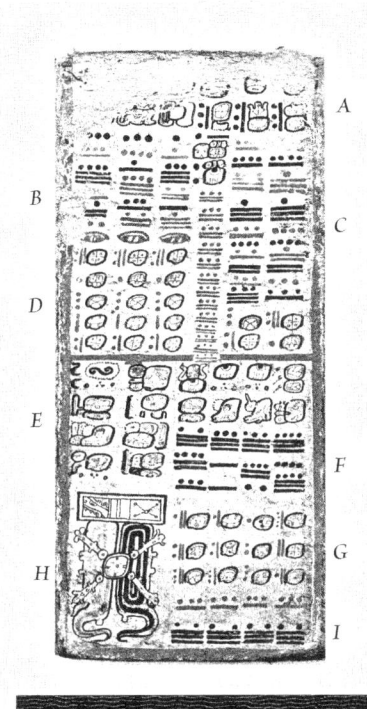

左:『ドレスデン絵文書』の月期と食の表(8枚)のうち、最初の1枚。

- A:卜占と予兆の文字　B:表の長さに関係した数
- C:長期暦の日付　D:表の始まりの日(ルブ)
- E:卜占と予兆の文字　F:累積数
- G:ツォルキンの日付　H:食をあらわす文字
- I:177日と148日のインターバル

地球上のどこかで日食が見られる時には、月期の各グループの後にインターバル(食の窓)が置かれている。このため、この表は日食・月食の予知に使われたのではないかと考えられる。西暦755年に作られたにもかかわらず、14世紀になっても正確な食の予言に使われ続けていたとみられる。ただ、ツォルキンに基づく基準日「ルブ」の日付を金星暦の基準日と同じにするため、11958日という日数を11959日や11960日にする調整が行われることがあった。日食・月食表の場合、ルブは「12ラマト」だった。

下:月の文字のいろいろ

満月の予知
パレンケ:81月期=2392日
　　2392=8×13×23　　81=3×3×3×3　[精度:6.5年で30分]
コパン:149月期=4400日
　　4400=11×20×20　[精度:12年で83分]
『ドレスデン絵文書』:405月期=11960日
　　46ツォルキン
　　405=5×81(上のパレンケと同様)　[精度:33年で160分]

食の予知
3食年=4ツォルキン[精度:2.8年周期で3時間]

火星、木星、土星
神秘的な819日周期

　火星の会合周期は780日で、その数は『ドレスデン絵文書』にも記録されている。これは3ツォルキンに等しい。絵文書には、火星が「逆行」運動（50頁）をする78日の期間も記されており、天の川を火星が横切る時の逆行では「空の帯」からぶら下がる「火星の獣」（21頁）が描かれている。

　カレンダー・ラウンドが6巡（金星ラウンド3巡）すると、火星の周期が再び同じツォルキンとハーブに戻る。これが火星ラウンドである（146火星周期＝312ハーブ＝438ツォルキン）。

　天界は13層構造で13人の神、地下世界〔冥界〕は9層で9人の神が支配していたが、その間にある大地も7層からなり、それぞれに神がいた（アフ・ウウク・チェクナルと呼ばれていた可能性がある）。これらの神々が819日周期（7×9×13）というサイクルを司った。

　819日周期はパレンケが発祥の地と考えられている。この数は、木星の会合周期（21×19日）、土星の会合周期（21×18日）と同様に、21を約数として持っている（21×13×3＝819）。古典期マヤの人々は、木星と土星の運行も観察し、カトゥンの終了が太陽または月との関係と一致する場合には、石碑に木星・土星の記録も残した。

　それぞれの819日周期は、方位および色（赤／東、黄／南、黒／西、白／北）と結びつけられて、より大きな3276日周期を形成する。

　ツォルキンの周期は16年弱の間に、月や肉眼で見える惑星すべての会合周期と誤差4.31日の範囲内で重なる。これが完全連動周期である。42太陽年＝59ツォルキン、405太陰月＝46ツォルキン、61金星周期＝137ツォルキン、1火星周期＝3ツォルキン、88木星周期＝135ツォルキン。

古代マヤの暦における太陽系

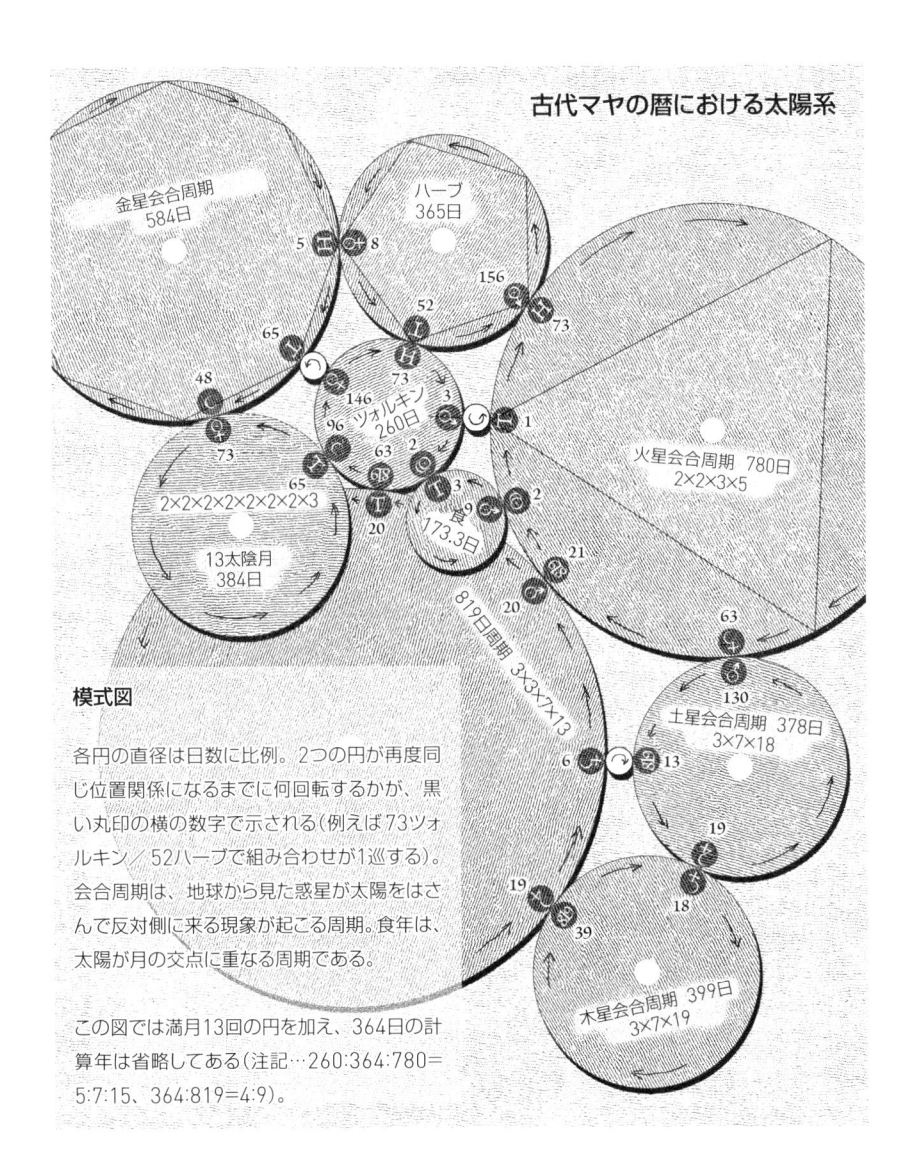

金星会合周期
584日

ハーブ
365日

ツォルキン
260日

2×2×2×2×2×2×3

13太陰月
384日

食年
173.3日

819日周期 3×3×7×13

火星会合周期 780日
2×2×3×5

土星会合周期 378日
3×7×18

木星会合周期 399日
3×7×19

模式図

各円の直径は日数に比例。2つの円が再度同じ位置関係になるまでに何回転するかが、黒い丸印の横の数字で示される（例えば73ツォルキン／52ハーブで組み合わせが1巡する）。会合周期は、地球から見た惑星が太陽をはさんで反対側に来る現象が起こる周期。食年は、太陽が月の交点に重なる周期である。

この図では満月13回の円を加え、364日の計算年は省略してある（注記…260:364:780＝5:7:15、364:819＝4:9）。

長期暦
悠久の時をはかる

　カレンダー・ラウンドは52年周期の中の日付をあらわすことしかできない。何百、何千年という過去や未来の出来事を記すには、別のシステムが必要である。そのため、紀元前1世紀頃までに長期暦が生み出された。西暦の起点はキリストの誕生だが、長期暦は現在の世界が創造された日を出発点にしている。マヤの神話では、世界はいくつもの時代を経て今の時代になったとされている。今の時代は、前の時代が終わった日である「13.0.0.0.0 4アハウ8クムク」、西暦でいえば紀元前3114年8月11日に始まった。

　マヤ文字の日付は上から下へ縦書きされるが、現代のマヤ学者は記述や考察に便利なようにアラビア数字に直して左から右へ横書きする。また、多くの研究者は今の時代の始まりの日を13.0.0.0.0ではなく0.0.0.0.0と書く。これは、現在の時代（13バクトゥン周期）が始まった創造の日と、その周期が終了して次の時代が始まる13.0.0.0.0とを区別するためである。

　日数が13バクトゥン（5200トゥン、187万2000日）、つまり約5125太陽年に達すると、新たな世界創造が行われる。現在の時代は2012年12月21日に終了するとされ、この日はまた次の「創世の日」ともなる。なお、バクトゥンより大きな単位については59頁を参照。

20キン	＝　1ウィナル　＝	20日
18ウィナル	＝　1トゥン　＝	360日
20トゥン	＝　1カトゥン　＝	7200日
20カトゥン	＝　1バクトゥン　＝	14万4000日
13バクトゥン	＝　1時代　＝	187万2000日

下：13バクトゥンの歯車。1巡で1時代（260カトゥン）。ここでは9バクトゥンを示している。

下：5歯の「歳差の歯車」。現在はカバン（大地の時代）。

右：13カトゥン（短期暦）の歯車。260トゥンにあたる。後古典期に13バクトゥン周期の代わりに使われた。各カトゥンはそのカトゥンの最後の日のツォルキンの日付に従って名付けられた。

右：13トゥンの歯車。ここではゼロを示している。13トゥンの周期は『ドレスデン絵文書』と『パリ絵文書』に記されており、4680日、6金星会合周期、18ツォルキンにあたる。この歯車が2回転すると27食年になる。

右：13歯の歯車。13個の数字が右の歯車の20個の日の名前と組み合わさってツォルキンの日付ができる。ここでは13アハウ。

左：この上にさらに20歯のピクトゥン、カラブトゥン、キンチルトゥン、アラウトゥンの歯車がある。

左：20歯のバクトゥンの歯車。1バクトゥン＝20カトゥン。下のカトゥンの歯車が最後に動かした歯は17なので、「17カトゥン」をあらわす。この歯車が1回転すると、上のピクトゥンの歯車と左の13バクトゥンの歯車が1歯ぶん動く。

左：20歯のカトゥンの歯車。1カトゥン＝20トゥン。下のトゥンの歯車が最後に動かした歯は0なので、「0トゥン」をあらわす。この歯車が1回転すると、上のバクトゥンの歯車と左の13カトゥンの歯車が1歯ぶん動く。

左：18歯のトゥンの歯車。1トゥン＝18ウィナル。下のウィナルの歯車が最後に動かした歯は0なので、「0ウィナル」をあらわす。この歯車が1回転すると、上のカトゥンの歯車と左の13トゥンの歯車が1歯ぶん動く。

左：20歯のウィナルの歯車。1ウィナル＝20キン。この歯車が1回転すると、上のトゥンの歯車が1歯（1ウィナル）ぶん動く。円の内側の数字は長期暦のキンの数字で、図では「0キン」。また、ツォルキンの日の名前の歯車にもなっており、アハウの文字が左の歯車の13とかみあっている。

マヤの長期暦メカニズム

石 碑
石に刻まれた記録

　石碑は出来事を記録して残すために作られた。典型的な石碑の一番上には、その下に長期暦の日付があることを示す「導入文字」が見られる。導入文字の中央部分は日付によって異なる。これは、書かれている日付のハーブの月の守護神の文字が記されているからである。

　導入文字の下は横2文字の列で、縦は20行ぶんになることもある。ふつう、左→右、上→下の順に読む。最初の5文字はたいてい、石碑が建てられた時の長期暦の日付である。次は通常はツォルキンの日付で、その後に夜の王に関連した文字がふたつ続く。その日を司る夜の王の名前と、「夜の王」という称号と思われる文字である。（右頁の石碑の図では、夜の王が先でツォルキンが後になっている。）

　次は天体の月に関する文字列で、月齢、6つの月期からなるサイクルの何番目か、月期の名前（および「名付けられた」という意味の文字）、さらにその月期が29日か30日かを示す文字が来る。最後の2個はハーブの日付である（右頁のキリグアの石碑を参照）。

　その次の文字グループは、かつて「セカンダリー・シリーズ」と呼ばれたが、今は「ディスタンス・ナンバーの日付」と呼ばれている。これは日付の足し算・引き算で、ある日付（石碑に記された長期暦の日付）から1日後でも100万年前でも自在に指し示すことができる。マヤの王たちはしばしばこれを使って自分と祖先を結びつける記述をし、自らの支配の正統性を強調した。

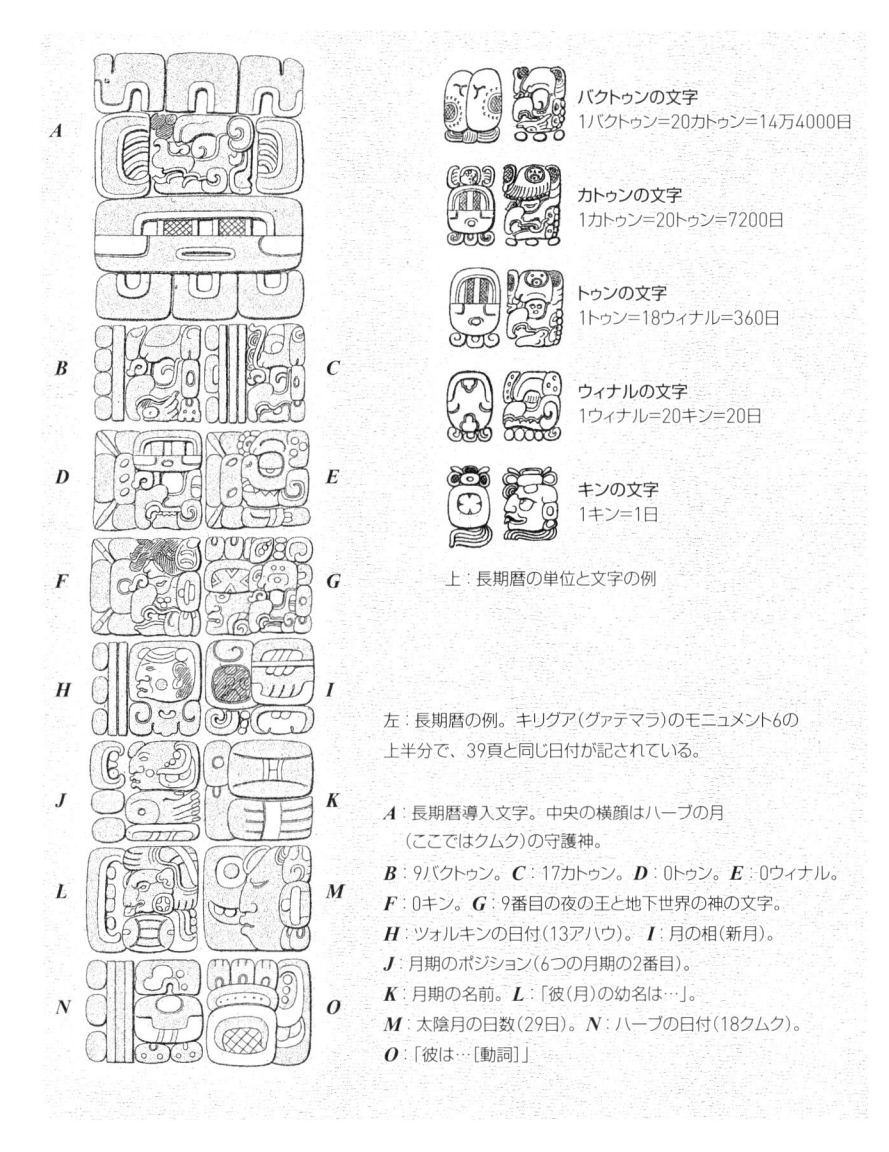

バクトゥンの文字
1バクトゥン＝20カトゥン＝14万4000日

カトゥンの文字
1カトゥン＝20トゥン＝7200日

トゥンの文字
1トゥン＝18ウィナル＝360日

ウィナルの文字
1ウィナル＝20キン＝20日

キンの文字
1キン＝1日

上：長期暦の単位と文字の例

左：長期暦の例。キリグア（グァテマラ）のモニュメント6の
上半分で、39頁と同じ日付が記されている。

A：長期暦導入文字。中央の横顔はハーブの月
　　（ここではクムク）の守護神。
B：9バクトゥン。***C***：17カトゥン。***D***：0トゥン。***E***：0ウィナル。
F：0キン。***G***：9番目の夜の王と地下世界の神の文字。
H：ツォルキンの日付（13アハウ）。***I***：月の相（新月）。
J：月期のポジション（6つの月期の2番目）。
K：月期の名前。***L***：「彼（月）の幼名は…」。
M：太陰月の日数（29日）。***N***：ハーブの日付（18クムク）。
O：「彼は…［動詞］」

太陽の天頂通過

垂直の穴と直列

　正午の太陽が真上にくるのが天頂通過で、このとき日時計には影ができない。マヤの人々は、年に2回起きる太陽の天頂通過を利用して、種蒔きと刈り入れの日を決めていた。メソアメリカの一部の遺跡（ショチカルコやモンテ・アルバンなど）では、建物に「天頂筒」が作られており、天頂通過日の正午に日光が垂直に床に差し込んだ（下図）。ユカタン半島では、チュルトゥンと呼ばれるボトル型の地下室が同じ役割を果たしていたのではないかと考えられる。

　マヤ地域の季節は雨季と乾季のふたつで、それぞれ5月と11月に始まった。この地域の大部分では雨季の始まりが5月の天頂通過と一致しており、この天頂通過のすぐ後にトウモロコシが植え付けられる。2度目の天頂通過時には、トウモロコシの2度目の植え付けが行われる。標高が高い地域では、トウモロコシとマメが3月に植えられ、260日後の12月に収穫される。

　天頂通過の6ヵ月後の11月には太陽は天底を通過し、これは乾季の始まりと同じ頃になる。

　天頂筒は、太陽以外の重要な天体の天頂通過を観測するためにも使われていたかもしれない。アステカではプレアデスと太陽の天頂通過が重なるとひとつの時代が終わって次の時代が始まると考えられていたとの説もある。

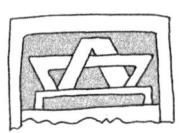

太陽が真上にくると、垂直の天頂筒を通って光が床に届く。（モンテ・アルバン遺跡、Hartungによる）

メキシコ中部の「年をあらわす文字」は、天頂通過日に十字の影をなす装置を描いたものかもしれない。（Jenkinsによる）

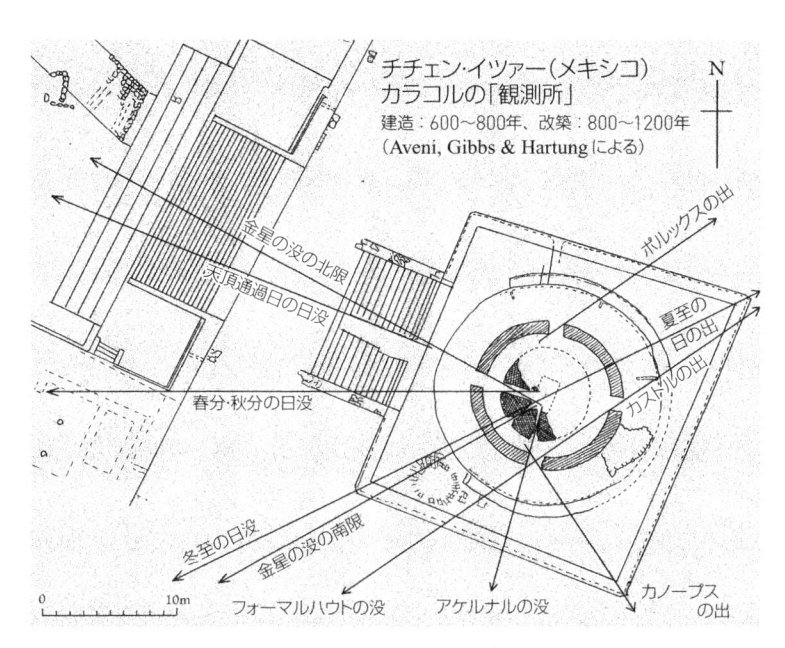

チチェン・イツァー（メキシコ）
カラコルの「観測所」
建造：600〜800年、改築：800〜1200年
（Aveni, Gibbs & Hartung による）

N

ポルックスの出
金星の没の北限
天頂通過日の日没
夏至の日の出
カストルの出
春分・秋分の日没
冬至の日没
金星の没の南限
フォーマルハウトの没
アケルナルの没
カノープスの出

0　　10m

この例のように、建物の窓や角を利用して天体を観測した。

アステカの「太陽の石」
石に彫られたクロノメーター

1790年、水道工事のためメキシコシティの中央広場を掘っていた作業員が、巨大な石彫の円盤を見つけた。直径12フィート（366センチ）、厚さ2フィート（61センチ）、重さ24トンのその石は、現在メキシコシティの国立人類学博物館に所蔵され、アステカの太陽の石またはカレンダー・ストーンの名で知られている。

アステカの暦はトルテカから伝わった。トルテカは後期マヤと同時代に栄えた民族で、明らかに両者の暦は起源を共有している。石の一番上にある「13の葦」の文字は、「13の葦」の年（1479年）をさすと考えられる。円盤の製作年かもしれない。中央パネルのまわりを20個の日の名前の文字が囲んでいるが、マヤの日の文字とは異なる。

中央パネルに描かれているのは、5つの時代（5つの「太陽」と呼ばれる）をあらわす5人の神と見られる。四角い枠内が過去の4つの太陽で、中央の円内が現在の時代である「第5の、そして最後の太陽」を司る太陽神トナティウ（またはウィツィロポチトリ）であろう（ただしアステカには長期暦はなかった）。

右頁の図解では、それぞれの輪について新しい解釈が示されている。例えばEの輪は56個の要素からなり、その一部は隠れている。56は食の予知に使える数で、ストーンヘンジにも見られる。

この円盤のそれぞれの輪が回転するとしたならば、20個の日の文字を外側の13個のポジションと組み合わせたり（マヤのツォルキンにあたる「トナルポワリ」暦）、ほとんど隠れているBの輪（さいころの5のように配置された模様が18個）と組み合わせたり（20日×18）できる。だとすると、この円盤のもとになった装置が存在し、それを使って夏至・冬至、月の交点、食、金星ラウンド、トナルポワリ、マヤの長期暦にあたる日数などを計算できた可能性も考えられる。

A：トナティウ(太陽神)　***B***：「20日の月」18個(見えているのは2つだけ)
C：過去の4つの時代　***D***：日の文字20個　***E***：食の目印56個
F：羽根104枚、カレンダー・ラウンド2回分、金星ラウンド1回分
G：太陽光線の絵8個　***H***：96歯、満月13回ぶんの日数の4分の1　***I***：「13の葦」
J：ヘビの図26個　***K***：宇宙蛇の口の中の闇の神・光の神

銀河直列
恒星とその向こう

　マヤ暦の内容が判明するにつれて、彼らは長期暦で何を数えていたのかという疑問がわいてきた。ジョン・メイジャー・ジェンキンスは最近の研究で、長期暦は冬至の日の出を使って歳差運動を計っていたのではないかとの説を示している。特に、マヤの人々は周期の始点ではなく終点を強く意識しており、その終点はもっとも一般的なマヤ暦＝グレゴリオ暦の換算（63頁）によれば、冬至でかつ銀河の中心方向と太陽の直列が起こる日にあたっている。ジェンキンスはマヤの神話や図像学から、自説を裏付ける膨大な証拠を拾い出している。

　長期暦発祥の地とされる先古典期マヤのイサパ遺跡には、マヤの創世神話『ポポル・ヴフ』を思わせる場面を描いたモニュメントが多数ある。『ポポル・ヴフ』には、「双子の英雄」が地上の支配者を僭称する「7のコンゴウインコ」（という者）を木の枝から落として倒す話や、双子が地下世界へ赴いて自分たちの父である太陽＝トウモロコシ神「1のフンアフブ」を蘇らせようとするエピソードが出てくる。マヤでは北斗七星も「7のコンゴウインコ」と呼ぶが、北斗七星は歳差運動により紀元前1500～1000年に地軸（止まり木）からずれた。

　2万6000トゥン（2万5627年）という歳差周期は、マヤでいうひとつの「時代」つまり13バクトゥン周期の5つぶんにあたる。現在の13バクトゥン周期が終了する2012年の冬至には、太陽が、天の川の中に帯状に伸びる暗い部分と直列する。この帯状暗部は、マヤではシバルバー・ベ（地下世界への暗い道）と呼ばれた。

　マヤの人々はこの直列現象を、ワニまたはジャガー＝ヒキガエルの口の中での太陽の再生として描いた。また、マヤの球技で、ボールがゴールの輪をくぐり抜けることが銀河直列をあらわしていたという説もある。

2012年の冬至
冬至の太陽と
銀河の中心の直列

天の川の暗い帯

黄道

夏至　銀河の中心

秋分

春分

銀河の赤道

冬至

天の川の暗い帯は、バルブ(銀河中央のふくらみ)のすぐ上にあり、見たところ天の川の中心に見える。電波望遠鏡観測による天文学上の中心は黄道からやや離れた位置にあり、冬至の太陽がそこに最接近するのはまだ200年ほど先である。冬至の日の出と銀河赤道の「合」は1998-99年を中心として1980-2016年の36年間続く。

2012年 ── 時代の終焉

新しい太陽の誕生

　古代マヤのトルトゥゲーロ遺跡は、メキシコのチアパス高原の一番北の斜面にある。1970年代から研究者の間では、ここの「モニュメント6」(もともとはT字形で碑文が刻まれた遺物)が、現存するマヤの碑文の中で唯一─13バクトゥンのサイクルの終了日(西暦2012年にあたる)に言及しているということが知られていた。

　モニュメント6の左翼側は欠損し、中央部もかなり損耗し、問題の予言が描かれている右翼部分には大きな亀裂が入っていて、全体の解読は不可能である。しかし、2006年4月にテキサス大学の碑文学者デイヴ・スチュアートが興味深い解読案を発表した(右頁)。

　本書ではこれまでに、天体の周期を把握し記録しようとする太古からの人類の努力を追ってきた。驚くべきことに、正確さの点でマヤ人はそれ以前のどんな文明よりも上だった。彼らは月や惑星の位置を、そして日食・月食を、はるか先まで予測した。マヤの暦にはまた、占いや予言の力も吹き込まれていた。彼らは「13アハウ」のカトゥンに起きる崩壊、損害、疫病、飢饉、侵略、そして祭司制度の終焉を予見していた。これはスペイン人が到来した時期に重なる。

　マヤの暦では現在は「4アハウ」のカトゥンである。『チラム・バラムの書』はこの時代にククルカンという神が帰還すると予言している。「4アハウ」のカトゥンはまた、「知識を記憶し、それを年代記の中に要約するカトゥン」とされている。本書が意図したのはまさにそれである。願わくは、この本が、マヤや他の古代文明の暦の作り手たちが残したすばらしい知識を2012年よりもずっと後まで伝える一助とならんことを。

左：長期暦サイクル終了日を記した石碑はこんなふうになるだろうという想像図。下図の実際の石碑例では、同じ日付がバクトゥンとツォルキンとハーブの日付だけで示されている。

下：メキシコのトルトゥゲーロ遺跡のモニュメント6。右下8文字の文章に、暦サイクル終了日の予言が含まれている。スチュアートはそのテキストを

"Tzuhtz-(a)j-oom u(y)-uxlajuun pik / (ta) Chan Ajaw ux(-te') Uniiw. / Uht oom ? / Y-em(al)?? Bolon Yookte' K'uh ta ?"

と読み、
「13番目のバクトゥンは4アハウ3カンキン(に)終わるだろう。?が起こる。(それは)9人の支持?神の、?への降下(??)(になるだろう)」と訳している。✓

✓：(続き)クエスチョンマークは文字が判読不能な部分である。2段目右端と3段目の右2つの文字が「13バクトゥン　4アハウ　3カンキン」で、西暦2012年の「終末の日付」。「9人の神」とは『チラム・バラムの書』で短期暦(13カトゥンの周期)終了の際に帰還すると示唆されている神々である。しかし、『チラム・バラムの書』の翻訳者モード・メイクムソンは、この予言はもともとは13バクトゥン周期の終了についてのものだったが、長期暦が使われなくなった後にそれより短い周期の終了に適用されるようになったことを示す証拠を「ティシミンのチラム・バラム」の中で発見している(62頁の『チラム・バラムの書』を参照)。

用語解説

閏 Leap
暦と季節や月相とのずれを修正するために挟みこまれる日／週／月。

絵文書 Codex ／（複）Codices
手書き文書。マヤの絵文書は、長い帯状の樹皮紙を屏風だたみにし、白い石灰を下塗りして、表裏両面に多色で絵や文字を書いてある。

カリポス周期 Callipic cycle
紀元前325年にギリシアの哲学者カリポスが唱えた周期。4メトン周期、つまり29日／30日の太陰月940ヵ月、合計27759日にあたる。

カレンダー・ラウンド Calendar Round
　マヤ暦で、ツォルキンとハーブの日付の同じ組み合わせが再び巡ってくるまでの期間。ツォルキン73巡、ハーブ52巡にあたる（太陽年の52年より13日短い）。ひとつのカレンダー・ラウンドが終了し次が始まる時には大きな儀式が行われ、プレアデスの位置が記録された。

季節 Season
気象学上の（気象現象や気温などの）サイクル。通常は太陽年と関係している。

逆行 Retrograde
地球から見た惑星の位置が、恒星に対して通常とは逆向きに動くように見える現象。

金星ラウンド Venus round
マヤ暦で、ツォルキンとハーブの特定の日付と金星の相が再び一致するまでの期間。カレンダー・ラウンド2巡（104ハーブ＝146ツォルキン）、金星周期（584日）×65、金星の描く五芒星13回分。

夏至・冬至 Solstice
日の出と日没の位置が最も南または最も北にくる日。夏至は6月21日頃、冬至は12月21日頃。

月期 Lunation
新月（または満月）から次の新月（または満月）までの長さ。平均で29.53059日。

グレゴリオ暦　Gregorian calendar

ローマ教皇グレゴリウス13世の命を受けてアロイシウス・リリウスらが作成した暦。スペイン、ポルトガル、イタリアでは1582年に導入され、10月4日の翌日を10月15日としてスタートした。それまでのユリウス暦は単に4年に1度閏年を入れたが、グレゴリオ暦は100で割り切れる年は閏年にせず、ただし400で割り切れる場合には閏年にする。デンマーク、ノルウェー、ドイツのプロテスタント圏では1700年2月18日の翌日を3月1日にした。大英帝国（北米植民地を含む）では1752年まで導入されず、そのため11日ずらす必要があった。ロシアでは1918年1月31日の翌日が2月14日になった。

グレート・イヤー　Great Year

春分点歳差の一巡する周期。プラトン年は25920年、マヤ暦では25627年とされ、現代の計算では25772年。

グレート・マンス　Great Month

グレート・イヤーの12分の1。春分の太陽の背後にある星座の名であらわされる。

合　Synod

地球と太陽と惑星が一直線上に並ぶこと。軌道が地球より内側の内惑星（水星と金星）の場合は、惑星が地球と太陽の間に来る内合と、惑星が太陽の向こう向こう側に位置する外合がある。合が再び起きるまでの時間を会合周期といい、通常は外合の周期をさす。

恒星日、恒星年
Sideral day, Sideral year

恒星日は、地球が360度自転して特定の恒星が再び同位置（例えば天頂）に来るまでの時間で、太陽日より少し短い（1太陽年は366.2422恒星日）。1恒星年は太陽年より20分24秒長く、日数ではちょうど1恒星日だけ多い（366.25636042恒星日＝365.25636042平均太陽日）。

黄道　Ecliptic

地球から見た太陽の通り道。地球の軌道を天球に投影したもの。

サロス　Saros

日食・月食の循環する18年周期。18年11日8時間ごとに、タイプと継続時間

の似た食が、前回とはわずかに北か南にずれた場所で起こる。

十二宮　Zodiac
黄道に沿って並ぶ星座のグループ。インド・ヨーロッパ文明のものは紀元前1千年紀にバビロンで発達し、12の星座で構成される。中国でも12星座だが、マヤでは星座が13あったと考えられる。

春分・秋分　Equinox
昼夜の長さが等しい日。3月21日頃と9月22日頃。マヤのチチェン・イツァー遺跡にある「ククルカンのピラミッド」では、春分・秋分の日に階段脇にできる影が巨大な蛇を形作る。

春分点歳差
Precession of the equinoxes
地球は、よろめきながら回るコマのように地軸がぶれながら自転している。そのため、春分・秋分・夏至・冬至の太陽の背後の星座が少しずつずれていく。

食年　Eclipse Year／Draconic Year
太陽が一巡して月の交点に戻るまでの長さ。日食・月食は、太陽と月がともに交点またはその至近位置にある時のみ起こる。

挿入日　Epagomenal
古代エジプト暦で30日×12ヵ月に付け加えた5日間。オシリス、イリス、ホルス、ネフティス、セトの誕生を祝う祝日だった。

太陰年　Lunar Year
月の満ち欠けに基づく1年の長さ。通常は12ヵ月期。

太陽年（回帰年）
Solar Year／Tropical Year
季節変化に関連付けた年。1太陽年は夏至や冬至、春分・秋分が再び巡ってくるまでの期間だが、どの日を基準にするかでわずかな違いがある。全体を平均したものを、平均太陽年という。

月の交点　Moon's node
黄道と白道（月の通り道）の交点。

デカン　Decan
古代エジプト人は、30日の1ヵ月を3等分した10日間という長さの目印として、36個の星の日出昇天を利用していた。

これらの星は、夜間に時間の経過を知るためにも使われた。ヘレニズム時代に十二宮が導入されると、各宮に3つのデカンが入るよう修正された。

年のずれの公式　Year-drift formula
マヤのパレンケ遺跡には、1508ハーブ（カレンダー・ラウンド29巡）の間隔のあいた2つの日付があるが、これは1507太陽年に等しい（誤差は小数点以下4桁のレベル）。マヤ研究者はこれを「年のずれの公式」と呼んでいる。『ドレスデン絵文書』からは、後古典期前期にはハーブが太陽年からずれつづけていたことがわかるが、ミルブレイスによれば後古典期後期になるとユカテカ・マヤの祭祀暦には閏日が挿入されて太陽年とのずれが出なくなったという。一方トンプソンは、閏の導入はスペイン人渡来より後の1553年以降だとしている。

トレセーナ　Trecena
アステカで使われていた13日の周期をあらわすために研究者がスペイン語から作った用語。アステカの言葉でこの周期が何と呼ばれていたか不明なため、便宜的に作られた。

ナイロメーター　Nilometer
ナイル川で毎年の洪水時期を知るために使われた水位計。目盛り付きの柱や階段状の装置が多く、時には貯水槽につながる水路形式のものもあった。

日出昇天　Heriacal rising
恒星や月や惑星が、日の出とともに東の地平線上に出現すること。

不正確な年　Vague Year
閏を入れない365日の1年。エジプト暦の1年やマヤのハーブなどが例。

プラトン年　Platonic Year
→グレート・イヤー

メトン周期　Metonic cycle
太陽と月の周期を調和させるのに役立つ周期。太陽年の19年間が235月期と一致し、19年前と同じ日付に同じ月（天体）の相が見られる。ギリシアの天文学者メトンが紀元前432年に発見したが、イギリスの新石器時代の遺跡（紀元前2500年頃）や、紀元前1500年頃の中国の暦ですでに使われていた。

ユリウス暦　Julian calendar

紀元前46年にユリウス・カエサルが導入した暦。現在のグレゴリオ暦と同じ日数の月が12で365日とし、4年に1度日を加える。128年間に1日のずれが生じ、1582年のグレゴリオ暦制定までに太陽年から10日遅れた。

狼星周期

Sothic cycle / Sothic calendar

エジプトで使われた狼星暦は、シリウス（犬狼星）を基本にした暦で、閏日がない。このため4年に1日遅れ、エジプト暦の不正確な年（365日）での1461年間がユリウス暦（1年＝365.25日）の1460年間になる。これを狼星周期という。

暦に関する補遺

アステカ（44頁）

アステカの太陽の石では、中央の5人の神がオリン（動き／地震）の日の文字の形に配置されている。太陽神トナティウを囲む4人の神もまた260日暦の日の名前の文字の形をしており、それぞれに4個の丸い「ボタン」が描かれている。これは過去の各時代の終了日（4のジャガー、4の風、4の雨、4の水）をあらわしているとも考えられる。各文字は、その時代を破滅させた災厄のタイプを示しているのかもしれない——最初の時代の人間はジャガーに食べられ（ブラザーストンはこれを日食と解釈している）、次は嵐、3番目は溶岩の雨、4番目は洪水によって滅ぼされた。現在の時代は中央の神が太陽神トナティウだが、5つの時代全体でオリンの文字を形作っていることから、太陽に起因する事象ではなく地震で滅びるともいわれている。しかしこのオリンについては、「太陽の4つの動き」「過去の4時代」「すべての時代を包含している」などの諸説がある。また、この4つの字は異なるイヤーベアラー・グループに属していることから、52年周期のシウモルピリ（アステカでのカレンダー・ラウンドの呼び名）でイヤーベアラーになることはありえない。別の解釈の余地があるかもしれない。ブラザーストンは太陽の石のふち

にシウモルピリ100巡（5200年分）が刻まれていると述べている。これはマヤの長期暦の5200トゥンと同起源のものの名残だろうか？

中国（6頁）
中国の太陰太陽暦には、太陽の黄経を24等分して季節や気候にちなむ名前を付けた二十四節気（立春、夏至、大暑、白露など）があった。二十四節気は中気と節気が交互に並び、年の途中で中気を含まない月を閏月とした。

エジプト（12頁）
エジプト人は1460年の狼星周期を使っていた。ローマ時代の著述家ケンソリウスは、139年にエジプトの新年とシリウスの日出昇天が一致したと書いているので、この暦は紀元前2782年に始まったとみられる。しかし、それよりさらに1460年前の紀元前4242年を始点と考える歴史研究者もいる（エジプト学者J. H. ブレステッドは紀元前4236年という説を唱えている）。各月は10日の「週」3つに分かれ、1年は36週であった。昼と夜がそれぞれ12等分され（つまり12等分された1単位の長さは一定ではなかった）、日時計やオベリスクの影や水時計で時間が計られた。季節は3つで、ナイルの洪水に基づいていた（氾濫、植え付け、収穫の3つで、それぞれ4ヵ月）。宗教祭礼のため、新たに太陰暦も導入された。当初は狼星暦の元日より前に太陰暦の元日がきた時に閏月を置いていたが、その後は25年周期（309月期）の置閏法になった。紀元前238年にプトレマイオス3世が閏日の導入を試みたが、神官たちに無視された。結局、閏日は紀元前25年にアウグストゥス帝の命で使われはじめた。

ヘブライ／バビロニア（10頁）
ヘブライ暦は非常に長い歴史を持つ太陰太陽暦である。12ヵ月からなり、29日と30日の月が交互に並ぶが、8番目と9番目の月は時折この法則からはずれる。また、ユダヤ教の過越しの祭では発酵していないパンを食べるが、そのための大麦が熟していない時には閏月をはさんで、春に過越しの祭が行えるようにした。バビロン捕囚（紀元前586年）以降、ユダヤ人はバビロニアの月名とメトン周期の閏システムを使うようになった。バビロニアのメトン・システムは、

3、6、8、11、14、19年目にはアッダル月のあとに30日の閏月を置き、17年目にはウルル月の後に29日の閏月をいれる。ユダヤ版では、第11月(シェヴァト)と第12月(アダル)の間に閏月(アダルI)を入れ、13番目にずれた本来のアダルをアダルIIと呼んだ。バビロンでは1年が12ヵ月で19年間に7回閏月を加えることで6939日としたが、ユダヤ版ではロシュ・ハシャナー(新年、9月5日〜10月5日)の曜日との関係や1年の長さを考慮した結果、時折第8月と第9月の長さが変化した。そのため、1年の日数は353〜355日(閏年は383〜385日)と定まらず、19年間の日数も6939日から6942日までいろいろあった。ヘブライ暦は224年に1日、バビロニア暦は219年に1日のずれが生じた。

イヌイット

イヌイットの住むカナダ北部では、冬の4ヵ月半は太陽が出ない。曙と黄昏がそれぞれ3週間ほどあり、日光がさすのは残りの6ヵ月だけである。天体の月は1ヵ月に一度出て沈む。月が出ている時は月光が雪面に反射するし、他の時にも雪嵐や雲やオーロラがあるため、星が見える期間は年に2ヵ月ほどしかない。イヌイットは13ヵ月の太陰暦を使い、夜だけの期間が終わって太陽が最初に地平線上に現れた時を新年とする。従って、居住地の緯度により年明けが異なるが、アルタイルとタラゼッドの出で事前に知ることができる。イヌイットは空に16の星座を見ているが、北極星は特に認識していないように見える。

イスラム

イスラム暦(ヒジュラ暦)は完全な太陰暦で、29日または30日の月が12ヵ月あり、各月の1日は朔の後に初めて細い月が見えた日である。月齢と合わせるため30年間に11日を加える(2、5、7、10、13、16、18、21、24、26、29年目に、普段は29日の第12月を30日にする)。誤差は3320年に1日である。預言者ムハンマドは閏月を禁じたが、第2代カリフのウマルが今の暦を整備した。イスラム暦元年の第1日は西暦622年7月16日にあたる。

トランプ

トランプのカードにも暦が隠れている。1+2+3+4+5+6+7+8+9+10+11+

12+13＝91日が4組(四季)で364日、ジョーカーを足すと365日になる。

チベット
チベット人は太陰太陽暦を使う。通常の年は12ヵ月で、朔後の細い月が月初日となる。およそ3年ごとに閏月を入れて13ヵ月にする。各月の日付は、空の月が12度ぶん移動する時間に基づいて決められ、欠日(日付が抜ける)と余日(同じ日付が2度続く)がある。新年はロサルといい、1月1日に祝う(西暦の2月頃)。中国と同様に各年は十二支と五行の組み合わせで呼ばれ、60年で1巡する。

ポポル・ヴフ ── 5つの時代

『ポポル・ヴフ』(敷物の書)は、グァテマラ高地に暮らすキチェー・マヤ族の神話叙事詩である。口承と記述伝承の両方をもとにして16世紀にウタトランで書かれたもので、若干スペインの影響を受けている。この本にはマヤの創世神話が含まれ、ブラザーストンの解釈に従うならば、今の時代に先立つ4つの時代のことが記されている。最初は泥の人間の時代で、彼らは水に戻った。2番目は木偶人形の人間の時代で、日食のときに怪物に食べられてしまった。3番目の時代に、横暴を極めていた「7のコンゴウインコ」が「双子の英雄」に退治される(これは今の時代の話だとする研究者もいる)。4番目の時代には「双子の英雄」が地下世界へ赴いてそこの支配者を倒し、双子の英雄は天に昇った。5番目が今の時代で、人間(キチェー族)がトウモロコシから作られた。ただし、『ポポル・ヴフ』には3つか4つの時代しか書かれていないと解釈する研究者もいる。

トニナーとパレンケにある「4つの太陽の壁画」には、上下さかさまの4つの頭とそれを見ている髑髏(創造の際に再生する太陽をあらわす)、そして、房が4つ付いたネックレスをした髑髏のような頭が描かれている(房は髪が垂れ下がった頭を様式化したもの)。これらは、アステカの太陽の石の中央に彫られ、『クアウティトラン年代記』にも書かれている5つの時代を思わせる(中央の髑髏と

周囲の4つの時代)。

マルティン・プレチテルは、ツツヒル・マヤ族の創造神話が火・植物・水・風・動きの5つの時代に分かれており、アステカの「水/洪水」、「風」、「火/火の雨」、「飢饉/ジャガーに食われる/日食」、「動き/地震」という5つの時代に似ていると指摘している。アステカでは時代の終わり(破壊)に焦点が合っていたが、ツツヒル族は、各時代を通じて人間がより具体的な形を得ていく中で魂が進化する様子を語っている。今の世界は人間が十分に力を発揮できる「大地の実りの世界」とも呼ばれている。

アステカの神話では、各時代の長さがさまざまに言い伝えられている。『太陽の伝説』という資料では、時代ごとに異なる年数(いずれも52の倍数)が書かれている。しかし、古代マヤ人の伝える「13バクトゥン周期(5200トゥン) 5巡で合計2万6000トゥン」という5つの時代の長さは、春分点歳差と一致するので意味が大きいといえる。

マヤ暦の起源

一部のマヤ学者によれば、マヤの暦と文字記述システムは紀元前600年頃のサポテカ文明(メキシコ、オアハカの近く)に起源があるという。最古の暦文字がモンテ・アルバン遺跡(紀元前700〜500年頃建造)に残っているためである。しかし、ツォルキンはそれ以前に別の場所で発達したとする説もある。マルムストロームは、オルメカ人がイサパで紀元前1359年にツォルキンを考案し、ハーブは紀元前1376年、長期暦は紀元前236年に生まれたとしている。また、ツォルキンの方がハーブより古いと考える学者もいる。ジャストソンは紀元前900〜700年頃にオルメカでツォルキンが記録されていたと述べている。

長期暦の使用開始は、紀元前550年や紀元前355年頃という説もあるが、大半のマヤ学者は紀元前1世紀と考えている。最も古い長期暦の日付7.16.3.2.13はオルメカの末裔が住んでいたチアパ・デ・コルソで発見されており、この

日が紀元前36年12月6日にあたるからである。マヤの遺跡の日付で一番古いのは、ティカルの石碑29に刻まれた292年である。

ブリッカーは、ハーブが使われはじめたのは紀元前550年頃で、冬至が起点だったと考えている。エドモンソンは、オルメカ人がカレンダー・ラウンドを紀元前667年に用いていた証拠があると述べている。オルメカ文明は紀元前1800～1200年の間のどこかで興り（諸説ある）、紀元前1500年または紀元前800～500年にイサパに住みはじめた（これも諸説ある）。イサパの緯度では太陽の天頂通過間隔が260日と105日であり、この町がツォルキン発祥の地ということは十分考えられる。

驚異の日付

マヤには途方もなく長い時間を記した碑文がある。ピクトゥン（上のa。20バクトゥン＝8000トゥン）、カラブトゥン（上のb。20ピクトゥン＝16万トゥン）、キンチルトゥン（20カラブトゥン＝320万トゥン）、アラウトゥン（20キンチルトゥン＝6400万トゥン）である。そうした碑文には時に間違いもあるので解読が困難だったが、トンプソンによって解明が進んだ。多くはディスタンス・ナンバーの日付、つまり、ある長期暦の日付が示されて、そこからこれこれの期間だけ過去または未来に離れた日、という形で記されている。例えばティカルの石碑10には9.8.9.3.0 8アハウ13ポプ（グレゴリオ暦603年3月24日）にディスタンス・ナンバーの日付10.11.10.5.8を加えるという記述がある。足した結果は1.0.0.0.0.8 5ラマト1モルとなり、左端にピクトゥンの数字「1」があらわれている。この日は西暦にすると4772年10月21日になり、なんと石碑に刻まれてから3000年以上も先である。

さらに衝撃的なのはキリグアの石碑F（石碑6）である。長期暦の日付は9.16.10.0.0 1アハウ3シプ（グレゴリオ暦

761年3月15日)、そこからディスタンス・ナンバーの1.8.13.0.9.16.10.0.0を引くと、(18.) 13.0.0.0.0.0.0.0 1アハウ13ヤシュキンとなり、9000万年も昔になる。一方キリグアの石碑D(石碑4)には9.16.15.0.0 7アハウ18ポプ(グレゴリオ暦766年2月17日)から6.8.13.0.9.16.15.0.0を引くと書かれており、そのとおりにすると(13.) 13.0.0.0.0.0.0.0になる。石碑建立の4億年も前である。トンプソンはこれらのディスタンス・ナンバーの計算から、創造の日を紀元前3114年と割り出した。

ヤシュチランのある神殿の階段には、アラウトゥンより4桁も上の数を含む謎の碑文が刻まれている。その日付は13.13.13.13.13.13.13.9.15.15.13.6.9 3ムルク17マクと読める。バクトゥン以下は744年10月19日と一致するが、その上の位はトンプソンの計算で説明ができない。同様の例はコバーの石碑1にもあり、この世界の年を記すのに必要なのは9桁だけだというのに、24桁の数字が並んでいる。

期間の終了日

長期暦は古典期後期の中頃から省略されはじめ、短縮形の期間終了日付(例:上のcとdの字で「13バクトゥンの終了」)が使われるようになった。このシステムでは、バクトゥン(のちにはカトゥン)の数とカレンダー・ラウンドの日付しか記されない。言いかえれば、バクトゥン(またはカトゥン)とツォルキンとハーブだけである。これにより、日付を書くのに必要な文字は10個から3個へと減ったが、それでもまだ37万4400年(または1万9000年)の範囲内でピンポイントに日付を特定できた。ところが後古典期後期にはさらに省略が進み、カトゥンの数字のかわりにそのカトゥンの終了日のツォルキン日付が書かれるようになった。カトゥン終了日になりうるツォルキンの日付は13種類(1～13アハウ)であるため、13カトゥン(256.27太陽年)で一巡する。つまり、それより長い期間

の中では日付の特定ができなくなる。

マヤ学者はこの暦を短期暦と呼ぶ。長期暦の13バクトゥンではなく13カトゥンのスパンでできているからである。一部の研究者はこの暦がカトゥン8アハウに始まってカトゥン10アハウに終わったと推測している。なぜなら、『マニのチラム・バラム』の中にこれらのカトゥンを始点・終点とする一連の予言があるからである。一方で、焚書を主導したスペイン人のランダ司教が残した1566年の図を手掛かりに、カトゥン11アハウに始まりカトゥン13アハウに終わったと考える研究者もいる。

3つの世界と819日周期

マヤの宇宙は3つの世界から成っていた。目に見える地上の世界、見えない天界と地下世界（シバルバー）である。冥界であるシバルバーへの入り口は洞窟だとされたが、シバルバー・ベ（地下世界への道）は天の川の中に見える帯状の暗い部分だと考えられていた（地下世界は夜になると地上の上に回ってくる）。天界は13層に分かれ、オシュラフンティク（天界の13人の神）が1層につきひとりいた。オシュラフンティクは個々別々の存在であると同時に全体でひとりの神でもあると考えられていた。数字1〜13の頭字体は、この神々をあらわす文字なのかもしれない。9層の地下世界にはボロンティクという神がおり、やはり9人でありかつひとりでもあると考えられていた。9人の神は13人の神と戦って敗れたとも言われている。9神の名前やそれぞれが持つ影響力は不明で、夜の王1〜9と呼ばれている。地上世界は7層で、ここにもそれぞれに神がいたといわれる。

マヤ暦の中の周期のひとつに819日歴がある。これは大地の神7人、地下世界の神（夜の王）9人、天界の神13人を組み合わせた（掛けた）周期とも考えられ、木星と土星の運行を追うために使われたとの説がある。トンプソンによれば、この周期の始点は紀元前3114年の創造の日よりも3日前である。

チラム・バラムの書

『チラム・バラムの書』(ジャガー祭司の書)は、ユカタンのシャーマン予言者にちなむ題名の書物群で、予言、神話、儀式について記している。言葉はマヤ語だが、ヨーロッパの文字で書かれており、現存する最も古いものは1593年に作られている。スペインに征服された後のユカタン半島のあちこちで、アルファベットを教え込まれたマヤ人が、いくつかのバージョンのテキストを作ったのである。ふつう、発見された町の名を付して区別される。有名なものとしてはマニ、ティシミン、チュマイエルのチラム・バラムと、失われたバージョンからの抜粋を集めたペレス絵文書がある(『パリ絵文書』がかつて『ペレス絵文書』と呼ばれていたが、それとこれは別のもの)。

特に重要なのは「カトゥンの計数」の部分で、13のカトゥンそれぞれに関する予言が書かれている。人々はカトゥンの終了を凶事として恐れていた(ハーブの最後の不吉な5日間や、日食、金星の出も恐れられた)。

『ティシミンのチラム・バラム』は1752年に1冊にまとめられた。『チュマイエルのチラム・バラム』はキリスト教への完全な改宗後に書かれたが、ティシミンはそれより前である。『ティシミンのチラム・バラム』には、スペイン侵略前のイツァーの大王たちについての記述があり、彼らは祭司を務めてはいたものの古来の祭司の知識をすでに失っており、マヤ暦の日やカトゥンのことを知らず、神々を呼び出そうにも神の名を知らなかったとされている。『マニのチラム・バラム』はドン・ファン・ピオ・ペレスが編纂してスペイン語に訳し、1843年に出版した。しかしペレス自ら、キリスト教の信仰と相容れない部分はカットしたと認めている。

チラム・バラムの書は矛盾や混乱を含むごちゃごちゃの暦情報の集まりで、スペインの影響も受けており、24年のカトゥンまで出てくるが、それでもマヤの儀式と信仰を知るための貴重な手がかりになっている。

予言の一部が長期暦に関係していたことを示す例として、ティシミン版の16頁にはこう書かれている。「13のカトゥンを束ねる最後の日である4アハウの日

……大地の谷たちは終わりを迎える。これらのカトゥンには祭司がおらず、統治者を疑わずに信じる者がだれもいないからである……私は汝らに真の神々の言葉を語ろう」。

興味深いことに、短期暦は4アハウには終わらず、長期暦が2012年12月21日の4アハウに終了する。

マヤの日付とグレゴリオ暦の換算

マヤの日付に対応するグレゴリオ暦の日付を知るには、相関定数を使う。これは長期暦の起点日である13.0.0.0.0 4アハウ8クムク（研究者は0.0.0.0.0とも書く）のユリウス積日である。ユリウス積日とは、ユリウス暦の起点日＝紀元前4713年1月1日から数えた日数のことをいう。なお、ユリウス暦の起点日をグレゴリオ暦に換算すると、紀元前4714年11月24日となる。

20世紀を通じて多くの研究者が、マヤ暦を西暦に直すために何種類もの相関定数を提唱してきた。ウィルソンは438906、ヴァイツェルは774078といった具合である。理想的な相関定数は、土器や石碑の日付や、月と金星に関する記述と実際の天体現象の対応、古典期後期の絵文書（『ドレスデン絵文書』ほか）、ランダ司教の残した資料、アステカ暦でのコルテスの到着、チラム・バラムの書その他の征服後の文書、今もグァテマラ高地でマヤの祭司が数えつづけているツォルキンの日付などと一致すべきである。

実際は、上記の条件すべてを満たす定数はない。ただ、非常に近いものはある。現在、多くのマヤ学者がグッドマン＝マルティネス＝トンプソン（GMT）相関＝584283を支持している。可能性の高いもうひとつは584285である。それぞれ、グレゴリオ暦で紀元前3114年8月11日と同8月13日が起点となる（2日しか違わない）。584283は1897年にジョゼフ・グッドマンが提案したが、1926年にファン・マルティネス・エルナンデスが確認するまでは人気がなかった。1927年からエリック・トンプソンが月や金星のデータに基づいてさらに研

究し、2日修正して584285説をを提唱した。フロイド・ラウンズベリーも『ドレスデン絵文書』の天体現象の記録からこの数値を支持している。しかし1950年、トンプソンはグッドマンの研究を再検討してその時点での最新の知見と合わせ、584283を提示した。この数字は584285と違って、現在もグァテマラの高地でキチェー・マヤの祭司が使っているツォルキンと一致する。また、最後の日が冬至にあたっている。

　古い本では13バクトゥンの始点を3113年としているものがあるが、これはグレゴリオ暦にゼロ年がない（紀元前1年の次は紀元後1年になる）ことを無視して計算したためである。

　マヤの碑文の日付をおおざっぱにグレゴリオ暦に直すには、9バクトゥンの終了(9.0.0.0.0)が435年（グレゴリオ暦で12月9日）であることを利用する。ほとんどの碑文はこれ以降に書かれている。例えばキリグアの石碑D（石碑4）に記された長期暦の9.16.10.0.0　1アハウ3シプを見てみよう。435年に16カトゥン（約20年×16）と10トゥン（約1年×10）を足すと435+320+10＝765年になる。実際の日付は761年3月15日（グレゴリオ暦）である。

　より正確に換算するには、9バクトゥンから何日経ったかを見る。上の例では16カトゥン（16×7200）+10トゥン（3600）＝118800日である。118800を365.2425で割ると、325.263352年となる。小数点以下を365倍すると96日になる。そこで、425年12月9日に325年と96日を足すと、グレゴリオ暦761年3月15日になる。年が4で割り切れる時は閏年になるので注意。

マヤ暦で見るあなたの誕生日

[1]右頁A表で「生まれ年の数字」を見つける。（閏年＊印の2月29日以降生まれなら1を足す。）
[2]右頁B表の「生まれ月の数字」を足す。
[3]誕生日の「日にち」部分の数を足す。
[4]合計数が260より大きければ260を引く。
[5]答えの数を右頁C表のツォルキンにあてはめる。
[例]1964年3月5日：212+1+59+5−260
＝17 → 4カバン

A. 生まれ年の数字

年	数	年	数	年	数	年	数	年	数	年	数
1910	249	1934	175	1958	101	1982	27	2006	213	2030	139
1911	94	1935	20	1959	206	1983	132	2007	58	2031	244
1912*	199	1936*	125	1960*	51	1984*	237	2008*	163	2032*	89
1913	45	1937	231	1961	157	1985	83	2009	9	2033	195
1914	150	1938	76	1962	2	1986	188	2010	114	2034	40
1915	255	1939	181	1963	107	1987	3	2011	219	2035	145
1916*	100	1940*	26	1964*	212	1988*	138	2012*	64	2036*	250
1917	206	1941	132	1965	58	1989	244	2013	170	2037	96
1918	51	1942	237	1966	163	1990	89	2014	15	2038	201
1919	156	1943	82	1967	8	1991	195	2015	120	2039	46
1920*	1	1944*	187	1968*	113	1992*	39	2016*	225	2040*	151
1921	107	1945	33	1969	219	1993	145	2017	71	2041	257
1922	212	1946	138	1970	64	1994	250	2018	176	2042	102
1923	57	1947	243	1971	169	1995	95	2019	21	2043	207
1924*	162	1948*	88	1972*	14	1996*	200	2020*	126	2044*	52
1925	8	1949	194	1973	120	1997	46	2021	232	2045	158
1926	113	1950	39	1974	225	1998	151	2022	77	2046	3
1927	218	1951	144	1975	70	1999	256	2023	182	2047	108
1928*	63	1952*	249	1976*	175	2000*	101	2024*	27	2048*	213
1929	169	1953	95	1977	21	2001	207	2025	133	2049	59
1930	14	1954	200	1978	126	2002	52	2026	238	2050	164
1931	119	1955	45	1979	231	2003	157	2027	83		
1932*	224	1956*	150	1980*	76	2004*	2	2028*	188		
1933	70	1957	256	1981	182	2005	108	2029	34	*は閏年	

B. 生まれ月の数字

月	数
1月	0
2月	31
3月	59
4月	90
5月	120
6月	151
7月	181
8月	212
9月	243
10月	13
11月	44
12月	74

C. ツォルキン

それぞれの日の特性（＋はプラスの特性、－はマイナスの特性をあらわす）

+1 イミシュ：ワニ（睡蓮）　＋優しさ、活気／－秘密主義、狂気
+2 イク：風（風）　＋想像力、自信／－怒り、不正直
+3 アクバル：家（闇、暁）　＋知性、誠実／－不平、疑通
+4 カン：トカゲ（網）　＋指導者、きちんとしている／－退屈、過度の好色
+5 チクチャン：ヘビ（ヘビ）　＋正直、炯眼／－移り気、嫉妬
+6 キミ：死　＋親切、政治的／－功利主義、殺人者
+7 マニク：鹿（手）　＋強さ、指導力／－干渉、尊大
+8 ラマト：ウサギ（ウサギ、金星）　＋天才、冒険心／－ゴシップ、酔っぱらい
+9 ムルク：水（翡翠、雨）　＋独立心、忍耐強さ／－病弱、暴君
+10 オク：犬（犬）　＋勇敢、強い意志／－嫉妬、批判的
+11 チュエン：猿（猿、糸玉）　＋賢さ、創造性／－不従順、不潔
+12 エブ：草（歯、道）　＋鷹揚、規則に縛られない／－怠惰、放浪者
+13 ベン：葦（トウモロコシ、腰）　＋洞察力、情熱／－独善的、大食漢
+14 イシュ：オオヤマネコ（ジャガー、大地）＋恵まれた才能、精力的／－冷淡、悲嘆
+15 メン：鷲（鳥、鵞）　＋知性、雄弁／－怖がり、悲観的
+16 キブ：コンドル（蠟）　＋賢さ、勇気／－無責任、盗人
+17 カバン：地震（地震、思考）　＋炯眼、分析的／－夢力、逸脱
+18 エツナブ：ナイフ（黒曜石の刃）　＋活発、知的／－忘れっぽい、口が悪い
+19 カワク：雨（雷鳴、嵐）　＋陽気、独立心／－頑固、偏執的
+20 アハウ：花（王、太陽）　＋勇敢、ロマンティック／－衝動的、執念深さ

著者 ● ジェフ・ストレイ
マヤの暦研究家。マヤの予言「2012年の終末」を描いた
"Beyond 2012"など著書多数。

訳者 ● 駒田曜（こまだ　よう）
英文訳者。考古学、歴史学を中心に翻訳をおこなっている。

古代マヤの暦　予言・天文学・占星術

2009年4月20日第1版第1刷発行

著　者　ジェフ・ストレイ
訳　者　駒田曜
発行者　矢部敬一

発行所　株式会社　創元社
　　　　http://sogensha.co.jp/

本　社　〒541-0047 大阪市中央区淡路町4-3-6
　　　　Tel.06-6231-9010　Fax.06-6233-3111
　　　　東京支店
　　　　〒162-0825 東京都新宿区神楽坂4-3 煉瓦塔ビル
　　　　Tel.03-3269-1051

印刷所　図書印刷株式会社
装　丁　WOODEN BOOKS／相馬光（スタジオピカレスク）

©2009 Printed in Japan
ISBN978-4-422-21471-9 C0322

＜検印廃止＞本書の全部または一部を無断で複写・複製することは禁じます。
落丁・乱丁のときはお取り替えいたします。